SOUVENIRS

D'UN NATURALISTE

A BORD DE LA JUNON

SUIVIS

D'OBSERVATIONS SUR LA MÉTÉOROLOGIE

ET

SUR LES COLORATIONS ACCIDENTELLES DES EAUX DE LA MER

PAR

L. COLLOT

DOCTEUR ÈS SCIENCES,

PROFESSEUR SUPPLÉANT A LA FACULTÉ DES SCIENCES DE GRENOBLE.

PARIS

F. SAVY, LIBRAIRE-ÉDITEUR

BOULEVARD SAINT-GERMAIN, 77

1882

Extrait de la *Société Languedocienne de Géographie* (1881-1882).

Montpellier. — Typogr. Boehm et Fils.

NATURALISTE A BORD DE LA JUNON

DÉPART.

Au mois de mai 1878, mon ami le professeur Marion, de Marseille, me demandait si je voulais faire le tour du monde. Aucun être vivant n'est plus curieux que le naturaliste. Donc, chose proposée, chose acceptée. Je me mis en relation avec M. Biard, lieutenant de vaisseau de la marine nationale, qui, à la tête de la *Société des Voyages*, organisait ce voyage de circumnavigation. Il s'agissait de faire faire commodément, sans tracas de transbordement ou autres, avec une installation à eux, à des jeunes gens riches, un voyage d'agrément e d'instruction. Pour moi, le but était de voir les pays les plus divers, principalement en naturaliste, et le moyen d'exécution consistait à m'embarquer pour faire aux passagers des conférences sur les sujets scientifiques se rapportant aux pays que nous touchions. Le récit que j'entreprends sera donc avant tout celui d'un naturaliste, mais sans prétention à révéler des découvertes ou à faire l'exposé méthodique des productions de la terre et de la mer partout où nous avons passé. Il aurait fallu séjourner plus longtemps sur chaque point, et dans d'autres conditions. Quant au récit humoristique et anecdotique du voyage, il a été très bien fait par notre compagnon de route, G. Lemay, dans le volume intitulé : *A bord de la Junon*.

Le 1er août 1878, dans la soirée, nous quittons le vieux port de Marseille. Tout est en « pagaye » sur le pont, mais nous partons, c'est là l'essentiel. Par suite de tiraillements dont je n'ai pas à me faire l'historien, la date fixée pour le départ a été reculée à plusieurs reprises : un nouveau délai compromettrait très sérieusement l'entreprise. M. Biard a fait preuve de décision et nous réussissons ce soir-là à quitter la terre, — pour aller mouiller en rade. Le lendemain, au milieu du jour, nous prenons définitivement la mer et nous faisons route vers Gibraltar.

GIBRALTAR.

Après avoir suivi quelque temps, à portée de la vue, les côtes montagneuses de l'Espagne, nous contournons le pic de Gibraltar pour aller mouiller devant la ville. Du côté de l'Est, le rocher est une muraille verticale, au pied de laquelle des éboulis forment un talus raide, uni et sans végétation. A partir de la crête (450^m), le revers occidental descend vers la rade d'Algésiras par une pente assez rapide. La ville est au pied. De tous côtés l'accès en est défendu par des murailles et jetées couvertes de canons, par des bastions casematés. A une hauteur inaccessible du rocher vertical, sortent encore des canons : ils sont desservis par une galerie complétement intérieure creusée dans la roche vive.

Le soir, la ville, étagée en gradins irréguliers, étale ses illuminations d'une manière agréable à l'œil. La porte principale par laquelle on y accède en venant de la rade, débouche sur le marché qui se tient le matin, au pourtour intérieur des remparts. La variété des costumes et l'éclat des couleurs font en ce lieu un tableau très pittoresque. Les gens du pays amènent leurs ânes chargés de provisions. Des Marocains en turban vendent des volailles et des œufs. Nous y trouvons aussi de beaux et excellents raisins muscats, des figues noires. Sur une autre place, on adjuge à l'encan des caisses de tabac en feuilles.

Avec la recommandation de notre consul, j'ai visité la bibliothèque de la garnison, *garrison library*. Elle possède environ 40,000 volumes variés. Le gouverneur, les officiers et soldats anglais passent cinq ans dans le pays. Bien que celui-ci soit loin d'être marécageux, on y contracte assez souvent des fièvres, que les Anglais désignent sous le nom de *rocky fever*.

Entre la ville et la pointe Sud existe un jardin-promenade, décoré du buste d'Elliot. Il est planté d'oliviers, orangers, lauriers roses, poivriers (*Schinus molle*), *Phytolacca* au tronc massif. Une mandibule de baleine y forme un portail.

—

Le rocher de Gibraltar ne tient au continent espagnol, au point de vue géographique, que par une étroite bande d'atterrissements sableux ; sans cet isthme, de formation récente, il serait une île. Il est composé d'un calcaire gris compacte et d'une dolomie qui appartiennent à la partie supérieure de la formation jurassique, telle qu'elle est constituée dans les régions méditerranéennes. Dans cette masse, se retrouvent les traces de l'action violente qui l'a fait émerger. La roche a été cassée et fissurée. Les fragments, ressoudés par la propre poussière du calcaire, ont constitué dans ces fissures des brèches grises contemporaines des premières dislocations. Des fentes plus récentes traversent les premières; les fragments de calcaire et de dolomie qui y sont tombés, ont été lentement cimentés par des limons rouges et du calcaire concrétionné. Des coquilles terrestres et les os des mammifères qui s'y retiraient ou dont les débris y sont tombés par hasard, y ont été en même temps empâtés. Ainsi se sont formées les brèches osseuses souvent citées, de couleur rouge, dont les filons coupent les brèches grises de manière à montrer qu'elles sont plus récentes que celles-ci.

Le petit isthme de sable qui relie Gibraltar au continent est un terrain neutre entre la possession anglaise et l'Espagne. Au-delà, on rencontre la ligne des douaniers espagnols et le petit village de *la Linia*, ramassis de gens mal famés, de contrebandiers. Ceux-ci profitent de ce que Gibraltar est un port franc pour y puiser des produits qu'ils introduisent en fraude en Espagne et sur lesquels le trésor espagnol perd ainsi ses droits.

Faut-il croire que les douaniers sont moins vigilants quand il s'agit de laisser *entrer* un contrebandier avec son ballot de marchandises que lorsqu'un simple promeneur veut *sortir* du royaume? Il est vrai que c'était la nuit. Je m'étais attardé dans une excursion autour du village espagnol de *San Roque*, et quand j'arrivai à la ligne des douaniers pour regagner Gibraltar, il me fut impossible de passer outre. Tout ce que je pus obtenir pour ne pas coucher sur le sable, à la fraîcheur de la nuit, avec mon léger vêtement d'été, fut d'être conduit au poste; de là à une auberge où je trouvai un gîte jusqu'au jour.

Des Agaves, des Nopals, des Cannes de Provence, quelques carrés de Lupins, de Pois chiches, entourent le village de la Linia et s'étendent jusque sur les dunes de sable qu'amoncèle le vent d'ouest. La végétation spontanée des sables maritimes rappelle celle de nos plages du Languedoc.

Au sud de San Roque, on rencontre des grès siliceux durs, des argiles schisteuses rougeâtres, avec feuillets de calcaire subcristallin, le tout notablement incliné. Au nord de San Roque, je suis au milieu d'une molasse jaunâtre (miocène ou pliocène) où je ne découvre comme fossiles que deux débris peu probants. Un grès friable se décompose facilement en un sable siliceux mouvant, où prospèrent les Chênes liéges et les Pins (*Pinus pinea?*) Un autre chêne (*Quercus Mirbeckii*) se mêle à ces essences. A leurs pieds, avec le Lentisque, le flexible *Smilax aspera*, le Garou, je retrouve la *Lavandula stœchas*. Je confirme ainsi sur cette plante une remarque que j'ai faite antérieurement: elle recherche d'une façon exclusive et absolue les sols siliceux, ici comme partout où je l'ai rencontrée, à Hyères, dans l'Estérel, les Bouches-du-Rhône, le Gard, l'Hérault, le Sahel algérien. Le Chêne kermès me rappelle les garrigues du S.-E. de la France. Le *Quercus lusitanica*, plus humble encore que le précédent, forme une lande rase. Il est chargé de grosses galles couronnées.

Les Orangers, les Oliviers, les Amandiers, sont cultivés sur les côteaux. Le vallon est partagé entre la culture du Maïs et des prairies où fleurissent la Saponaire, la Verveine officinale. Çà et là je retrouve nos *Verbascum*, la Fougère *Pteris aquilina*, le Fenouil, la Ronce commune. Sur le bord d'un ruisseau où je pêche des Planorbes et des Mélanopsides au milieu des *Sparganium*, brillent les fleurs des Lauriers roses. La rive est ombragée par des Saules marceau, des Peupliers, des Trembles, des Ormeaux. Sur les talus secs, je remarque le Palmier nain, cette sentinelle avancée vers le Nord de la nombreuse et belle phalange des palmiers. Sur le rocher de Gibraltar, c'est à peine si quelques buissons disputent à ce rustique végétal le peu d'humidité et de terre qu'il rencontre dans les fissures de la roche vive ; plusieurs pieds y atteignent une taille relativement considérable.

Pour donner une idée du climat du pays, voici, d'après Edmond Boissier, les altitudes qu'atteignent quelques végétaux dans le sud de l'Espagne :

Canne à sucre, Cotonnier, Dattier,....	150m, à Malaga.	
Chamærops et Agave...............	500m	—
Oranger et Citronnier.................	650m	—
Nopal..........................	700m	—
Chêne liége et Figuier.............	1300m	—
Vigne et Olivier..................	1400m	—
Champs de Seigle.................	2500m	—

MADÈRE.

Le 11 août au matin, notre lever est égayé par la vue de l'île Madère, sous un large chapeau de nuages. Contraste complet avec Gibraltar ! Au lieu du rocher calcaire gris et nu, se dressent devant nous des falaises et des coteaux de pouzzolane, dont la couleur rouge est vivement relevée par la fraîche verdure des bois, des vignes, des maïs.

Madère a tout ce qu'il faut pour entretenir une végétation abondante et variée. Son climat est celui de l'Andalousie, moins la grande sécheresse estivale. Il n'y a guère de mois sans pluie, mais les pluies d'hiver sont dominantes. C'est une condition moins favorable à la végétation que celle de la zone tropicale, où la plus grande humidité coïncide avec la plus grande chaleur de l'année. Les plantes tropicales produisent moins à Madère que dans leurs pays propres. Néanmoins elles y mûrissent bien leurs fruits. Aussi les Anones ou Chérimoilles, les Mangues, d'une qualité inférieure il est vrai, les Goyaves, les Papayes, les Passiflores comestibles, les Cotonniers, les Nopals à Coche·nille, le Café, le Manioc, la Patate, le Dattier, le Cocotier, le Gingembre, les Bananiers, les Ananas, la Canne à sucre, y prospèrent-ils à côté de la Vigne et du Mûrier, du Noyer, de tous nos arbres fruitiers et légumes d'Europe. Madère serait parfaitement placé, à cause de son climat, pour l'établissement d'un jardin botanique universel.

La première chose qui a frappé mes yeux quand j'ai débarqué sur la plage de Funchal, est une École de sériciculture.

La culture de la Canne à sucre a précédé celle de la Vigne. Depuis 1852 à cause de l'Oïdium, aujourd'hui à cause du Phylloxera, on revient à la Canne. Néanmoins il reste encore de belles treilles à Madère. De Founchal, la capitale, bâtie sur la plage, nous nous élevons dans l'intérieur de l'île par des sentiers étroits et raides, encaissés entre les murailles des jardins et ombragés sous ces vignes dont le produit acquiert de si excellentes qualités en vieillissant. Des *Bougainvillea* tapissent les murs des maisons jusqu'au toit, et font resplendir au soleil leurs innombrables bractées pourprées. Des Grenadiers, des Lauriers roses, des Camara, des Héliotropes, débordent par dessus les murailles basses des jardins. Des *Hortensia* à l'ombre des grands Châtaigniers de *Nostra Senhora do monte* portent de grands corymbes de fleurs d'un bleu que je ne leur ai pas vu ailleurs aussi vif. Les végétaux silicicoles prospèrent sur les roches volcaniques dont toute l'île est formée : le Pin maritime contribue le plus largement avec le Châtaignier à la constitution des bois ; Bruyères, (*Erica arborea*), *Sarothamnus scoparius*, *Pteris aquilina*, Digitale pourprée, Lauriers, sont abondants dans la montagne. Des Glaciales (*Mesembryanthemum*) poussent le long des plages et des falaises.

La douceur du climat de Madère est remarquable. Je n'ai pas observé sur la rade, pendant notre séjour, en plein mois d'août, de température supérieure à 27°. Les variations diverses sont faibles, et il en est de même des différences entre les saisons. La moyenne de l'été est 22°, celle de l'hiver 17°,5 ; celles des saisons moyennes, printemps et automne, sont respectivement 18° et 21°,5 ; la moyenne annuelle 19°,7. Ainsi, la différence des saisons extrêmes n'est que 4°,5. Parmi les stations recherchées pour leur climat par les malades, il n'en est pas qui offre une aussi faible différence entre les extrêmes, si ce n'est Saint-Christophe dans les Antilles, mais dont la température est trop élevée pendant l'été, 29°,9. A Madère, le temps est d'une stabilité qu'on ne trouve pas ailleurs. Les pluies y sont douces et régulières. Elles arrivent surtout par les vents d'ouest et de sud. La moyenne annuelle en est de 0^m,76. Quelquefois le vent d'E. S. E., connu sous le nom de *leste* ou *sirocco*, se fait sentir à Madère ; il souffle avec force et dure jusqu'à trois jours. La température atteint 32°, la sécheresse est extrême et l'air est chargé d'une poussière impalpable entraînée du désert africain.

L'hypothèse consistant à regarder les îles atlantiques, Madère, Canaries, Cap Vert, Azores même, comme les restes d'un ancien continent aujourd'hui submergé, est combattue par divers auteurs, parmi lesquels je citerai Lyell, Fouqué, Mousson. Ce dernier (Révision de la faune malacologique des Canaries ; *Soc. helv. Sciences natur.*, 1873) fait remarquer que la faune, surtout celle des Mollusques, qui tiennent davantage au sol, est plus différente de celles des terres voisines que ne l'est la flore.

Ainsi que je l'ai dit, Madère est volcanique. Ce sont autour de Founchal, dans la partie sud de l'île, des pouzzolanes brunes ou rouge vif, quelquefois à grain fin, et des basaltes. Dans le haut de la gorge du Courral, sur des rochers taillés à pic, on voit nettement alterner les lits de tuf et les coulées de basalte. Dans les parties que j'ai visitées, cette dernière roche est plutôt gris foncé que noire, très chargée de petits grains brillants de péridot.

A l'est de l'île Madère, est celle de Porto Santo, plus petite, aride, et presque sans végétation. Au sud de celle-ci, quelques rochers disséminés portent le nom mérité de *las Desertas*, et sont complétement stériles. Faut-il attribuer ces différences à ce que les petites îles sont impuissantes à condenser les nuages qui passent sur elles ? Faut-il aussi faire une part à la compacité des roches, à la raideur des pentes, à l'embrun de la mer ?

Porto Santo m'a offert une plus grande variété de roches que Madère. Un conglomérat trachytique est couronné par une masse de phonolithe columnaire (pic de Castelho) et traversé par des filons de basalte. Ceux-ci sont dirigés N.N.O., parallèlement à l'allongement des bas-fonds sur lesquels repose l'île et à l'alignement des Desertas. Le basalte est quelquefois assez cristallin pour mériter le nom de dolérite. Le petit plateau qui domine le village de Baleira est une coulée de basalte. En allant vers la mer, on rencontre des lits bien stratifiés de sable et de galets avec des coquilles. C'est une plage soulevée. Elle est recouverte par une formation superficielle de cailloux éboulés et, tout à fait sur le bord de la mer, par de petites dunes de sable. On exploite pour les fours à chaux un calcaire mêlé de sable volcanique, avec Peignes, Pectoncles, Coraux. Je n'ai pu visiter les carrières et voir la situation géologique de cette formation, qui paraît quaternaire.

Il existe à Madère des modes de locomotion très pittoresques. Le jour de notre arrivée, il y avait une fête à *Nostra Senhora do Monte*, à 200 ou 300^m au-dessus de Founchal. Nous sommes allés voir les habitants tirer leurs fusées en plein soleil. Nous avons éprouvé tous les effets désagréables de la chaleur pour gravir à pied le chemin glissant, encadré de treilles, qui y conduit. La descente a été bien plus facile ! Nous étions une vingtaine, deux par deux, à la file, dans de larges fauteuils d'osier, ou, si l'on veut, des traîneaux, glissant par leur propre poids sur le pavé. Celui-ci est

formé de cailloux roulés d'un basalte que le frottement polit
sans cesse. Derrière chaque traîneau court un homme qui le
retient au moyen d'une corde attachée aux deux côtés, empêche la vitesse de trop s'accélérer et gouverne dans les tournants de telle façon que le *slito*, au bout de peu de minutes, est
en bas sans accident, après avoir passé des coudes très brus-
ques. Pour monter, on peut, outre les chevaux de selle, employer
un traîneau couvert, fermé par des rideaux et traîné par des bœufs
(*carros de bois*), ou enfin une sorte de hamac suspendu à un
bâton que deux hommes portent sur leurs épaules.

La population portugaise n'est pas belle, pas plus à Madère
qu'au Brésil. Les gens de la montagne ne m'ont pas paru tout
à fait semblables à ceux de la ville. Les femmes de la montagne,
par exemple, ont la figure plus ovale ; celles de la ville sont petites, massives, et ont la figure ronde. J'aperçois des cheveux
blonds et châtains (les descendants des Flamands qui ont jadis
participé à la colonisation ?) à côté des cheveux noirs, plus spéciaux à la race portugaise. La population de la montagne paraît
assez pauvre. Dans notre excursion du Courral, une troupe d'enfants sales se régalait avidement des moindres débris de notre
déjeuner. D'ailleurs l'habitude de mendicité, commune aux pays
visités par des étrangers, est ici bien développée.

SAINT-VINCENT.

Nous avons été informés à Madère que la fièvre jaune sévit
à Dakar : cela fait changer notre programme primitif, qui
portait une relâche sur ce point de la côte africaine. Malgré le
désir de plusieurs d'entre nous de voir Ténériffe, il a été décidé
que nous relâcherons aux îles du cap Vert, pour diminuer le
plus possible la traversée entre la dernière escale et Rio de Janeiro. Donc je dois me contenter de voir à l'horizon les silhouet-
tes grises des Canaries et les nuages qui empanachent leurs

sommets, et de lire l'ascension du pic de Teyde dans le *Journal d'un voyage en Chine* de J. Itier, tandis que nous passons au milieu des îles.

L'eau, verte de Gibraltar à Madère et aux Canaries, est redevenue bleue, comme celle de la Méditerranée. Le soir, elle est phosphorescente, par la grande quantité d'animalcules microscopiques et de Méduses qui y nagent. Dans le jour, des gerbes de poissons volants fuient de droite et de gauche à l'avant de *la Junon* et sous la poursuite des Dorades. Quelques-uns viennent s'abattre sur le pont. Ce sont des poissons de la taille d'un petit Muge, avec la tête un peu plate comme cet animal, d'un très beau bleu sur le dos, blancs par dessous, avec de très longues nageoires pectorales qui lui servent véritablement d'ailes. Sans être capables d'entreprendre dans l'air de longs voyages, ils peuvent se diriger quelque peu à droite et à gauche, et leur vol dépasse une centaine de mètres de portée. Une hirondelle vient aussi nous rendre visite et se poser sur le dos d'un de nos bœufs, sans doute pour y chercher des insectes.

Nous allons mouiller dans la rade de Porto Grande (île Saint-Vincent) et non à la Praya, qui n'est pas abritée. Là, nous ne pourrions pas démonter et nettoyer la machine, devant être toujours prêts à appareiller au cas où nous serions assaillis par un coup de vent. Cette raison attire le mouvement vers Saint-Vincent et on y achève un hôtel pour le gouverneur des îles, qui se prépare à abandonner la Praya. Toutefois, c'est une triste résidence.

Arrivant à Saint-Vincent par le Nord, nous laissons à droite l'île verdoyante de Saint-Antoine. Cette île, plus grande, qui comprend des hauteurs de 1900^m, est mieux arrosée et plus fertile ; c'est elle qui approvisionne Saint-Vincent.

A Saint-Vincent, les pluies sont rares et les parties basses de l'île sont dépourvues de végétation. Les îles du cap Vert, par 17° lat. N., sont, sous le régime des pluies solsticia les (août, septembre, octobre), sous l'influence des alizés. Mais les chutes d'eau y sont très rares, parce que ces îles ne bénéficient pas de l'abaissement du contre-alizé, comme le font les Canaries, qui sont plus loin de l'Équateur. La partie supérieure, même à Saint-Vincent, se couvre de quelques pâturages et de cultures de maïs qui, de la mer, nous apparaissent sur le sommet comme de larges tapis d'un vert tendre. Ces taches mettent une note gaie dans le spectacle attristant que présente l'île. On prétend d'ailleurs qu'il y a 300 ans l'île était moins stérile : elle était alors couverte de forêts qui favorisaient les chutes de pluie. La montagne nous fait face par un abrupte rayé de bandes horizontales, alterternance des coulées de basalte et des lits de tuf volcanique. Les monticules de second ordre sont aussi taillés à pic du côté intérieur et s'étendent en croupes surbaissées vers la mer, où ils se terminent ordinairement par une falaise à pic. Les crêtes sont vives et profondément dentées.

Il n'y a pas de plaine, mais une espèce de cirque tourné vers la rade, au fond duquel, sur la plage, font tache les maisons blanches, couvertes en terrasse, de Mendelho ou Porto Grande. Sur ce relief vigoureux, pas plus de végétation que sur un bloc de métal : avec ses parties noirâtres et d'autres d'un rouge vif, l'île paraît burinée dans une masse de fonte et de cuivre.

Sur la partie la plus voisine de nous, nous apercevons comme de grandes murailles de clôture descendant à la mer : ce sont des dykes de basalte restés en relief au-dessus du tuf qui se détruit plus facilement et dont le niveau s'abaisse plus vite.

Des pérégrinations dans l'île me confirment dans ma première impression. Dans une partie basse et sablonneuse croissent quelques Tamaris ; à part cela, je ne rencontre pas un arbuste, encore moins un arbre ; à peine quelques petites plantes dans les fissures des rochers, plantes à feuilles étroites et sèches, protégées par des poils contre l'excès de l'évaporation. Dans un ravin où coule un filet d'eau saumâtre, une petite culture de patates auprès de la cabane d'un nègre, puis, en montant, quelques Malvacées, quelques Graminées, des Pignons d'Inde

(*Jatropha curcas ; purga* dans le pays), un Datura arborescent.
A partir d'une certaine hauteur, les rochers se couvrent de houp-
pes de Lichens orseilles. On les recueille pour la fabrication de
la matière colorante rouge et bleue connue sous le nom de tour-
nesol. Des Rhipsalis pendent des rochers comme de petites cor-
des vertes. Ce sont les premiers représentants de la famille des
Cactées que je vois à l'état indigène ; c'est le seul genre qui soit
venu s'égarer hors d'Amérique. Les plantes grasses, abondantes
dans la région inférieure des Canaries (Euphorbes, Crassulacées,
Synanthérées, à teinte glauque), n'existent pas à Saint-Vincent.

Hooker remarque qu'aux îles du cap Vert les plantes des parties basses ont un caractère africain et arabo-saharien, tandis
que parmi celles des montagnes, quelques-unes sont caractéristiques des Canaries et de Madère.

A mesure que je m'élève sur le pic, je rencontre des pâturages. La sécheresse est moins grande à cette hauteur. Quelques
plantes que j'ai vues dans le bas tout à fait chétives : un Hélio-
trope, une Lavande, une Malvacée, une Borraginée, se retrouvent ici avec une taille plus normale. Dans le haut, j'atteins un
plateau incliné vers le N.-E., où le Maïs est abondamment
cultivé entre les pierres et où la verdure est très fraîche. Des hut-
tes y sont habitées par les cultivateurs. Le soir, quand je me
décide à descendre, parce que le soleil est couché, le sommet est
enveloppé par les nuages, tandis qu'il n'y en a pas dans le bas.
C'est l'explication de cette verdure qui contraste si fort avec
la stérilité complète du bas.

———

Les collines basses qui forment les pentes du cirque derrière
Mendelho sont constituées par des basaltes divers, non stratifiés. La surface générale en est rousse. J'y rencontre un basalte très lourd, compacte ; un basalte porphyroïde contenant
des cristaux d'un pyroxène vert sombre, analogue à celui du
Vésuve, et beaucoup de péridot. Quelquefois même la roche
n'est plus qu'un assemblage de gros cristaux mal définis de ces
deux minéraux. Il y a aussi des basaltes porphyroïdes à pâte

grise. Des fragments, des blocs de quelques autres roches sont associés à ces basaltes: une phonolithe gris verdâtre et une roche à texture granitique composée d'un feldspath triclinique, d'aiguilles de pyroxène vert sale, d'hornblende noire, d'aiguilles d'épidote, d'un peu de magnétite et de mica brun. Toutes ces roches forment une brèche qui paraît avoir été soudée par la roche volcanique en fusion. Elles ne sont nullement mélangées de cendres. La masse est traversée par des filons de basalte globulaire : globules noirs dans un magma brun. Le milieu des filons renferme une quantité de gros cristaux de pyroxène dans une pâte gris foncé ; sur les bords des filons, les globules sont plus apparents et les cristaux moins abondants.

Les pics qui dominent le cirque sont formés par des alternances de couches de basalte et de cendres volcaniques médiocrement inclinées vers l'extérieur de l'île. Sur certains points, le basalte est compacte, tantôt sans cristaux distincts, d'autres fois avec des cristaux de pyroxène augite qui atteignent jusqu'à un centimètre ; sur d'autres points, il est bulleux. Les cristaux font saillie dans les cavités ; ils sont donc antérieurs à la formation de celles-ci. La surface de ces coulées de basalte est rugueuse et irrégulière. Le tuf est formé de cendres et de débris atténués de diverses roches. On y trouve des cristaux séparés de pyroxène et quelquefois des lits de mica brun. La couleur du tuf varie du noir au rouge vif.

D'après les observations que je viens de rapporter, je considère le cirque dans lequel est bâti Mendelho comme le fond du cratère du volcan. Là, le basalte s'est solidifié sur place, et la cristallisation s'y est mieux développée. Des fragments de roches étrangères, plus anciennes, entraînés par lui, flottant peut-être à sa surface, s'y sont arrêtés. La croûte formée au-dessus de la lave non encore consolidée s'est maintes fois disloquée, et de là vient la disposition en forme de blocs ressoudés entre eux, le manque d'homogénéité de la masse. De nombreux filons ont rempli les fissures. Les cendres étant constamment rejetées en dehors par les moindres éruptions, on n'en trouve pas dans cette partie-ci. Au contraire, les pics voisins, qui représentent les parois du cratère et les flancs du cône volcanique, sont formés par ces mêmes cendres et *lapilli* qui à chaque éruption s'étendaient en une nouvelle nappe sur la surface autour du cratère, et par le basalte en coulée qui venait les recouvrir.

Les eaux atmosphériques ont continué un travail déjà peut-être commencé par les secousses de la terre ; elles ont coupé, rompu l'enceinte continue du cratère et en ont de plus en plus raviné et isolé les lambeaux. La mer a, de son côté, rongé le pourtour et a transformé en falaises abruptes des talus qui s'étendaient doucement jusque sous ses eaux. Du côté de Mendelho, le circuit du cratère est incomplet, mais il se trouve encore jalonné par le petit îlot des Oiseaux. qui ferme la rade. Sur cet îlot, les oiseaux de mer ont formé par leurs excréments un guano blanchâtre en croûtes semblables à des stalagmites.

———

Sur le sable, j'ai rencontré un Lézard indéterminé et un *Uromastyx*. Les rochers de la côte sont riches en Oursins, Polypiers, Annélides, Crabes aux couleurs vives. On y ramasse aussi des Cônes et beaucoup d'autres Gastéropodes, des Arches, des Spondyles et d'autres bivalves en petit nombre. Il y a là un ensemble de formes rappelant nos fossiles miocènes.

Le village de Saint-Vincent produit une impression pénible sur le voyageur qui vient d'Europe. De petites maisons n'ayant qu'un rez-de-chaussée, sans meubles, abritent une population de mulâtres, dont les enfants grouillent tout nus au soleil, pendant que leurs mères fument la pipe. Ces mulâtres sont dolichocéphales, ont le teint cuivré, sont généralement, dans les deux sexes, grands et assez bien proportionnés. Les jeunes enfants ont les cheveux de couleur claire.

———

RIO DE JANEIRO.

Les constellations des Ourses sont depuis longtemps effacées
à l'horizon; Orion passe à notre zénith, et la Croix du Sud, s'élevant chaque jour davantage, nous avertit que nous sommes dans
l'autre hémisphère. Nous faisons route vers Rio de Janeiro. Nous
laissons la mer des Sargasses au Nord; cette prairie flottante est
assez bien limitée, car nous ne rencontrons pas une algue.
Nous longeons la côte du Brésil d'assez loin pour ne pas être
retardés par le contre-courant qui la suit du Sud au Nord. Les
Damiers ou Pigeons du Cap (*Procellaria capensis*) volent devant
nous ; la distribution régulière du noir et du blanc de leur livrée
leur a valu leur nom. Ces êtres nouveaux pour nous sont les
avant-coureurs d'une nature nouvelle. Leurs évolutions, les gerbes de poissons volants, les courses effrénées des Marsouins, la
contemplation des couchers du soleil, ne suffisent pas à distraire
nos passagers, en général très citadins et peu habitués à un calme
et à un isolement tels que les offre la vie de bord. Dans les
premiers jours après le départ de Saint-Vincent, on a d'ailleurs
souffert plus qu'à tout autre moment de la chaleur. Pour moi,
les observations météorologiques plusieurs fois le jour, les livres,
ma collection naissante, m'empêchent d'éprouver le moindre
désœuvrement. Le passage de la ligne, fêté suivant les rites ha-
bituels, a jeté une note gaie dans la monotonie de la traversée,
mais cela n'a duré qu'une journée. Je n'étonnerai donc personne
en disant que la matinée du 3 septembre, jour de l'arrivée à Rio,
a été une matinée joyeuse : depuis quatorze jours nous n'avions
pas vu la terre.

Notre ravissement est bien accru par la nouveauté du spectacle.
Montés sur le pont à l'aurore, nous nous trouvons en face d'une
côte élevée sur les crêtes de laquelle se hérissent les stipes des
Palmiers emportant sur le ciel leur panache de feuillage. Un étroit
goulet franchi et, la visite de la *santé* reçue, nous voilà en plein
dans la merveilleuse rade de Rio de Janeiro, petite mer intérieure

découpée par des presqu'îles et des caps, semée d'îles ; tout cela montagneux, couvert d'une verdure touffue. On nous montre déjà le sommet de la Tijouca, celui du Corcovado (Roc recourbé), tellement abrupte qu'il paraît surplomber ; le Pain de sucre (*Pão de assucar*), gigantesque et fantastique gardien de la rade. Nous cherchons à deviner dans les nuages les aiguilles granitiques de la chaîne des Orgues (*os Orgãos*). Du port, la ville s'étend entre les collines verdoyantes, quelquefois aussi par dessus. Le soir, le gaz éclaire toute la ligne du rivage, jusqu'aux faubourgs les plus éloignés. Des tramways traînés par des mules (les chevaux ne résistent pas à la fatigue) parcourent ces promenades aussi bien que les rues trop étroites de l'ancienne ville.

La partie ancienne de la ville, qui confine au port et où sont les comptoirs des négociants, est un bas-fond où les eaux se ramassent avec une telle promptitude pendant les orages qu'on est obligé de se faire porter sur le dos des nègres pour traverser les rues. Celles-ci sont très étroites et souvent encaissées par des maisons élevées. Dans les longs faubourgs, des villas riantes entourées de palmiers et d'autres belles plantes sont habitées par les riches commerçants, qui descendent seulement en ville pour leurs affaires.

Le commerce d'importation s'applique à toute sorte d'objets manufacturés, l'exportation est surtout celle du café. Le Brésil produit à peu près à lui seul autant de café que le reste du monde. La douane donne à l'empire le plus important de ses revenus. Je suis entré par occasion dans les bureaux de cette admi-nistration : c'est une large et haute salle divisée en plusieurs sections par des claires-voies jusqu'à la hauteur de quelques mètres. Au fond de cette espèce de temple de l'impôt, on m'a montré un bureau et un grand siége entourés d'une barrière, où l'empereur ne dédaigne pas, vu l'importance du revenu, de venir s'installer de temps en temps pour entendre le rapport sur les opérations de la *alfandega*.

Je ne m'arrêterai pas à parler de l'état peu prospère des finances du Brésil, — de l'abondance du papier-monnaie et de la rareté du métal numéraire, — des élections qui se font dans les églises et qui n'en sont pas plus sincères, le vote appartenant au parti qui a pu prendre le premier possession du monument pour en écarter, par la force ou par de faux témoignages sur l'identité des personnes, les hommes du parti opposé.

———

Le long de la mer, du côté opposé à la douane par rapport au débarcadère, on me montre le principal hôpital de Rio, un établissement grandiose, à côté duquel est la Faculté de médecine. Une autre Faculté existe à Bahia. Le Brésil possède deux Facultés de droit, l'une à Saint-Paul, l'autre à Pernambouc.

De l'*École des beaux-arts*, annexée à un petit musée de peinture, je me porte à l'*École polytechnique,* où ont lieu des cours variés. Je n'y rencontre pas le professeur de chimie, qui est un français, mais j'ai le plaisir de voir un autre français, M. Jobert, qui est venu dans cet établissement avec le titre de professeur de biologie. Après une mission d'inspection générale de l'agriculture dans les provinces du Sud pour étudier la maladie des caféiers et un voyage scientifique dans l'Amazone, M. Jobert se prépare à rentrer en France. Je regrette de ne pouvoir aller jusqu'à Ouro-Preto, dans la province de Minas, pour voir M. Gorceix, directeur de l'Ecole des mines, pour qui j'ai une lettre : c'est encore un français. Les Français jouissent particulièrement au Brésil de la protection de l'empereur. Ce souverain éclairé s'occupe avec sollicitude des questions scientifiques. On m'a montré, dans les amphithéâtres des cours, un fauteuil qui lui est réservé et qu'il vient de temps en temps occuper. M. Jobert m'engage vivement à aller présenter mes hommages à l'empereur. Je m'y décide.

Dans la ville proprement dite, l'empereur n'a qu'un palais sans importance, l'ancienne résidence du vice-roi portugais. Pendant l'été, il réside à Pétropolis, à quelques lieues de Rio, sur les hauteurs salubres du pied de la chaîne des Orgues.

Pendant l'hiver, il habite le palais de Saint-Christophe (*San Christovão*).

Le palais est de la plus grande simplicité. Les visiteurs attendent don Pedro II sur une terrasse couverte qui dépend du premier étage et règne tout autour d'une cour intérieure. Quand il paraît, il s'avance vers nous et s'entretient avec aménité, successivement avec chacun. Sa belle prestance, sa figure intelligente et la dignité empreinte dans toute sa personne, produisent une impression favorable. A la suite d'officiers, de personnages plus ou moins importants, se tiennent quelques gens de condition inférieure qu'il a, paraît-il, l'habitude de recevoir ainsi paternellement, pour entendre leurs requêtes. L'empereur est aimé. Néanmoins, comme la presse jouit d'une très grande liberté, les journaux satiriques illustrés ne se gênent pas pour le caricaturer, en compagnie de ses ministres.

De Saint-Christophe, le tramway me ramène en une demi-heure à Rio. Cette promenade me fait voir la plus grande troupe de *gallinazos* que j'aie rencontrée. Ces curieux Vautours, que les nouveaux venus appellent volontiers des Corbeaux, à cause de leur couleur noire, sont de la taille d'une dinde ; ils se tiennent en longues files dans les champs qui bordent la route et sur le faîte des maisonnettes.

Parmi les Français établis au Brésil, j'ai à citer maintenant un savant connu, M. Liais, ancien astronome de l'Observatoire de Paris. L'impossibilité de supporter le despotisme de Leverrier lui fit quitter l'Observatoire, et il vint au Brésil dans un but scientifique. Il a voyagé beaucoup pour établir d'une manière précise les bases de la topographie générale de ce pays et étudier les grandes voies naturelles de communication. A la suite de ce voyage, il a publié *l'Espace céleste et la nature tropicale*, et *Climat, Géologie, Flore, Faune du Brésil*. Depuis quelques années, il dirige l'Observatoire de Rio. Possesseur d'une fortune personnelle plus que suffisante pour ses besoins, M. Liais se livre à la science sans préoccupations étrangères. Il a fait plusieurs essais à ses frais. Toutefois l'Observatoire est assez bien subventionné, grâce à la sollicitude de l'empereur : il le serait moins bien si l'on ne se fiait qu'aux ministres et aux Chambres.

L'Observatoire est installé dans un ancien couvent sur une colline, au bord de la mer. Des terrasses, je découvre une vue magnifique sur la rade, les collines de Nichteroy en face, les Orgues, le Pain de Sucre. Malheureusement l'emplacement devient étroit pour les instruments. M. Liais me montre une lunette de 0^m,35 de diamètre d'objectif qu'on ne peut monter faute d'espace ; il est question de transporter l'établissement ailleurs et même de raser la colline pour donner de l'air à la ville.

L'Observatoire est un établissement de premier ordre, c'est-à-dire pouvant faire par lui-même toute espèce d'observations et de calculs sans emprunter aucun élément à un autre. Le directeur a la bonté de me faire passer en revue les principaux appareils dont dispose l'Observatoire. Une *lunette équatoriale* est munie d'un appareil imaginé par M. Liais pour répéter les angles en prenant pour rayon fixe la verticale du lieu. Celle-ci est déterminée par la coïncidence d'un réticule placé au-dessus de la lunette avec sa propre image dans un bain de mercure placé au-dessous. Au moyen d'un système de prismes, une lunette horizontale éclaire le réticule et sert à le regarder en même temps que son image. A une *lunette méridienne* de 25 c. d'ouverture est annexé un appareil électrique servant à noter l'instant précis du passage des astres. Un pendule disposé comme une balance ordinaire ferme et ouvre le courant électrique par chacune de ses oscillations, par un système semblable aux interrupteurs des bobines Rhumkorff. Le courant actionne, au moyen d'un électro-aimant, un crayon sous lequel se meut un plateau. Par le fait du mouvement de rotation du plateau et d'un lent mouvement du crayon qui se rapproche du centre, le crayon trace une spirale. A chaque attraction de l'électro-aimant, c'est-à-dire à chaque seconde, le crayon dévié marque un trait en travers de la spirale. Les intervalles de ces traits sont suffisants pour qu'on puisse évaluer à l'œil le dixième de seconde. L'observateur tient dans sa main un interrupteur au moyen duquel il fait passer un autre courant au moment où l'astre qu'il suit passe au réticule de la lunette. Cet autre courant met en mouvement un crayon qui trace une spirale parallèle à la première : le crayon dévié enregistre l'Observation en face du temps correspondant. Ce système a sur un cylindre enregistreur l'avantage de ne pas obliger à fendre le papier pour développer et suivre la courbe. L'Observatoire possède encore un ou deux petits *télescopes de Grégory*. M. Liais se dispose à faire construire un télescope pour le miroir duquel il a étudié des alliages très brillants et un système de polissage sans retouches. A part la fabrication des lentilles, tout se fait dans l'Observatoire.

Le sous-directeur est un belge. Il est difficile de recruter un personnel national. Il faut prendre des jeunes gens peu avancés dans l'étude des mathématiques et les former, mais souvent leur présomption empêche leurs directeurs de les conduire à des connaissances et à une habileté suffisantes pour un bon service.

Le *Musée d'histoire naturelle* n'est pas, comme l'Observatoire, installé dans un ancien édifice. On a construit exprès un vaste bâtiment sur la place de l'Acclamation, ou *largo Santa-Anna*, en face de l'hôtel de la Monnaie. Le directeur, M. Ladislas Netto, est un botaniste distingué qui a accompagné autrefois M. Liais dans ses explorations et qui, venu avec lui en France, y a complété ses études. Je trouve là des collections de roches et de minéraux, des herbiers, des produits naturels du règne végétal, des oiseaux et mammifères, des produits de l'industrie des sauvages. Ces échantillons de l'histoire naturelle du Brésil occupent le premier étage. Au rez-de-chaussée sont les animaux inférieurs, reptiles, poissons, mollusques. Malheureusement une partie des échantillons a souffert de l'humidité excessive du pays, encore exagérée par cette situation au rez-de-chaussée.

Je m'étonne du petit nombre de crânes représentant les diverses peuplades indiennes disséminées sur la vaste surface de l'empire. Quelques-uns de ces crânes sont remarquables par la déformation volontaire qu'on leur a fait subir par compression dès l'enfance. Si l'anthropologie n'est pas aussi favorisée qu'on aurait pu l'attendre par le nombre des squelettes ou des crânes de Peaux-Rouges, elle l'est richement par les produits de l'industrie de ces sauvages. De très beaux manteaux, entièrement en plumes, feraient, par l'éclat et l'inaltérabilité de leurs couleurs, le désespoir du plus habile teinturier. Des arcs, de longues flèches, divers ustensiles, remplissent la salle. Plusieurs échantillons du terrible curare ou yrari sont enfermés dans de tout petits pots de terre et dans des calebasses. A côté sont les sarbacanes, longues de la hauteur d'un homme, dont les Indiens se servent pour lancer de petites flèches. Celles-ci, formées d'un simple éclat de roseau afuté à une extrémité, enveloppées d'un petit tampon de coton à l'autre, sont très légères. Suivant qu'il s'agit de tuer un animal ou seulement de l'engourdir pour le garder ensuite vivant, la flèche est chargée de plus ou moins de curare. L'Indien manque rarement le perroquet ou le singe sur lequel il souffle sa flèche. Le singe est un mets recherché.

Dans la salle des Mammifères, je trouve le *Barbado* (*Simia Belzebuth*), grand singe barbu ; divers échantillons du jaguar (*Felix onça*), parmi lesquels des individus d'une variété toute noire ; des Tapirs et leurs petits, dont la livrée rayée en long de bandes blanches sur fond noir, diffère complétement de la robe unie des adultes.

Les magnifiques Aras bleus, rose tendre, gris perle, président l'innombrable phalange des perroquets. Ce n'est pas par ses couleurs brillantes que l'Ibijau (*Nyctibius grandis*) attire mon attention : son plumage gris clair, moucheté, n'a rien de remarquable. Mais cet animal moitié chouette, moitié hirondelle, ayant l'aspect d'un rapace nocturne avec des caractères d'un fissirostre, est vraiment extraordinaire par son large bec triangulaire, couvert de plumes jusqu'au bord et fendu jusqu'en arrière de l'œil. C'est un gouffre dans lequel s'engloutissent les grands papillons de nuit des forêts brésiliennes.

Parmi les Reptiles, les premiers qui frappent mon œil par leur taille sont les énormes Tortues de l'Amazone, dont les riverains mangent les œufs ; les trois espèces de Crocodiliens du pays : *Caïman fissipes* Spix, qui se trouve à Rio, *Crocodilus sclerops* Schn, *Alligator palpebrosus* Cuv. ; divers Serpents, parmi lesquels le *Cascavel* ou Serpent à sonnettes.

Les Poissons offrent des types bien différents de ceux d'Europe, et comme on les trouve moins communément figurés dans les livres que les Mammifères et les Oiseaux, leur examen est des plus intéressants. Le *Pirarucù* (*Vastres gigas, V. Cuvieri*), grand poisson de l'Amazone, gros comme un Thon, a le corps couvert d'écailles rondes, rugueuses ; sa large tête déprimée est protégée par de grandes plaques osseuses guillochées. Sa chair est une partie importante de la nourriture des riverains ; l'os volumineux et rugueux qui soutient sa langue est lui-même utilisé : il sert de râpe pour le guarana. M. Jobert a constaté chez ces poissons une sorte de respiration aérienne, dans les cas où les mares où ils vivent se dessèchent : ils se transportent alors par terre dans une autre mare.

Le *Phractocephalus* de l'Amazone ne le cède en rien au précédent pour la taille ; il lui ressemble aussi par la tête, mais il a le corps nu. Le Gymnote électrique (*Poraque* des habitants) vient aussi des eaux douces du pays. D'ailleurs, le Solimoens est très riche en poissons. Ils ont été décrits par Agassiz d'après les échantillons recueillis par Spix, puis étudiés de nouveau en 1865. Les habitants en sèchent une grande quantité.

Les Hypostomes et les Loricaires, avec leur grosse tête cuirassée et leur corps grêle, tout d'une venue, protégé aussi par de grands écussons osseux qui le font paraître formé d'anneaux articulés, me rappellent tout d'abord les *Cephalaspis* et autres poissons des plus anciens âges du monde vivant.

L'ordre bizarre des Plectognathes est largement représenté ici par des *Diodon*, dont le corps se gonfle à la volonté de l'animal et prend la forme d'une boule hérissée de piquants ; les *Triodon*, par exemple le *T. macropterus*, sous lequel pend une immense expansion cutanée, semblable à une quille sous un navire ; les Coffres ou *Ostracion*, dont le corps est emprisonné dans une solide cuirasse anguleuse ; les Balistes, dont le dos est surmonté d'un fort aiguillon.

Le hideux *Malthe verpertilio* (*Peixe sapo*, c'est-à-dire poisson crapaud), voisin de nos Baudroies, est un poisson de la côte voisine.

A cette liste il faudrait ajouter celle des excellents poissons que nous avons mangés à Rio : *Garropa*, *Corvina*, *Maganga*, de l'ordre des Acanthoptères ; *Cavara* ou *Caballo*, Scombéroïde de taille intermédiaire entre celle du Thon et celle du Maquereau ; *Badeja*.

Parmi les Crustacés, je retrouve une grande Crevette (*camarão*) que j'ai appris à apprécier dans les pâtés de palmiste.

Parmi les mollusques gastéropodes, une Ancillaire vivant actuellement sur la côte du Brésil reproduit à mes yeux l'*Ancillaria glandiformis* du miocène supérieur. Les Planorbes de Fernando de Noronha me rappellent les Planorbes à tours étroits et nombreux de notre éocène[2].

Les Oursins plats, qui ont également disparu d'Europe après y avoir abondé à l'époque miocène, sont encore des animaux vivant actuellement dans ces parages.

Les fossiles du Brésil ne sont pas nombreux dans le *Musée national*. Voici seulement, à côté d'une petite collection générale apportée d'Europe, des os de Mastodontes venant des provinces de Ceará, Alagoas, Sergipe ; un *Megatherium* avec sa carapace en mosaïque, venant de Minas-geraes ; des Poissons du terrain crétacé de Ceará.

J'ai eu le grand regret de ne pouvoir visiter une collection

---

[1] *Planorbis pseudorotundatus*, Math. ; *Pl. pseudammonius*, Voltz.

considérable de minéraux et de roches rapportés des diverses
provinces de l'empire par la commission géologique de Hartt,
parce que ces richesses, attendant leur classement, sont enfermées
dans des caisses empilées.

Ce n'est pas seulement au musée que les oiseaux et les insectes sont représentés : des Taupins et Charançons aux reflets
métalliques sont montés en parures par les marchands de fleurs
artificielles. On voit chez les mêmes des fleurs et des écrans
composés avec les plumes de couleurs si brillantes et si variées
des oiseaux du pays.

Le *largo Santa-Anna*, qui s'étend entre le Musée national et
la Monnaie, est un jardin plutôt qu'une place. La plantation n'en
est pas terminée : un grand nombre de végétaux, tous curieux
pour un européen, y sont déjà réunis. Ce travail est fait par
M. Glaziou, directeur des jardins de la ville et de l'empereur.
M. Glaziou est un français établi depuis plusieurs années au
Brésil. Il habite un autre jardin, le *passeo publico*, plus petit que
le précédent, mais qui, étant planté depuis très longtemps, est une
promenade fort bien ombragée. L'œil est charmé par le contraste des cimes touffues des figuiers tropicaux avec les troncs
sans ramification des *Hyophorbe indica* et de l'élégant *Caryota
sobolifera*. Ce dernier, en pleine floraison, laisse pendre un
régime gros comme plusieurs hommes. Il est destiné à périr
prochainement, car dans cette espèce, l'arbre, épuisé par l'alimentation d'une aussi énorme quantité de fruits, se sèche après s'être
assuré une nombreuse postérité. Le directeur m'explique qu'on
ne peut mettre d'étiquettes à tous ces végétaux, à moins qu'elles
ne soient complétement hors de portée de la main, car les pro-
meneurs, inintelligents de l'utilité de ces petites plaques, les
arrachent et s'en servent pour faire des ricochets sur l'eau des
bassins. Un Jabirou au bec relevé en l'air et un Nandou au plumage gris, tout à fait familier, se promènent dans le jardin et se
laissent caresser par les visiteurs.

Rio possède aussi, à quelque distance de la ville, au pied du Corcovado, un jardin botanique. Je me demande s'il mérite ce nom, car rien n'y est aménagé en vue de l'instruction des visiteurs : c'est plutôt une pépinière et un vaste jardin d'agrément. Le jardin est dirigé par un autrichien. A l'arrivée, une très longue allée de Palmiers commande l'admiration. Ce sont des *Oreodoxa regia* âgés de 40 ans, dont le feuillage, souple et touffu, couronne d'un chapiteau de verdure un fût droit et lisse de 20 mètres de hauteur. Cette colonnade est tellement grandiose que je ne pus m'empêcher de saluer en y entrant. Ce Palmier, originaire de la Havane, est bien plus beau que le Dattier, dont les palmes raides et d'un vert douteux annoncent un arbre du désert. C'est lui qui orne la plupart des places de Rio. Un autre Palmier, bien moins grand mais d'une exquise élégance, est cultivé dans les jardins de Rio : c'est le *Seaforthia Diksonii* de Ceylan, dont les tiges vertes, régulièrement annelées, grèles et diversement fléchies, portent des feuilles un peu maigres mais délicatement recourbées en dehors.

Les avenues et boulevards sont ombragés par le *Dombeya mollis*, dont le feuillage rappelle un peu le Tilleul, mais dont les fleurs viennent abondamment par bouquets roses, et par diverses espèces de Figuiers au feuillage luisant.

J'ai eu la bonne fortune de faire l'ascension du Corcovado avec MM. Jobert et Glaziou. Ce dernier, qui connaît très-bien la flore des environs de Rio, me désignait par leur nom les plantes que nous rencontrions, précaution d'autant plus nécessaire que la plupart ne portaient pas les fleurs qui m'auraient aidé à les caractériser. D'ailleurs cette flore est complétement différente de notre flore européenne ! Je suis frappé de la grande variété des essences qui composent la forêt. Tandis que chez nous un bois est généralement un bois de Hêtres, ou de Chênes, ou de Pins, c'est-à-dire constitué seulement par une de ces essences, ici une foule d'arbres et arbustes divers sont réunis dans quelques mètres carrés de terrain. La végétation herbacée est rare ; il semble que ce qui aurait été herbe ailleurs soit ici devenu au moins arbuste : tel est le cas des *Vernonia splendens* , *Styphtia chrysantha*, *Mikania*, de la même famille que nos humbles laitues et pissenlits, et qui forment de fortes broussailles. D'ailleurs, dans toute l'Amérique du Sud chaude et tempérée, cette famille des Composées est représentée abondamment par des arbustes et sous-arbrisseaux, quelquefois grimpants. Les Fougères se plaisent dans la lumière finement tamisée du fourré, et çà et là je vois se dresser le tronc des espèces arborescentes. De petites touffes du Palmier *Astrocaryon ayri* défendent leur approche par les fins et longs aiguillons noirs qui hérissent en tapis serré leur stipe et la base des feuilles. Les chemins sont bordés de touffes de grands Camaras à fleurs roses et jaunes, comme chez nous d'Aubépines.

Les arbres, serrés les uns contre les autres, montent pour chercher la lumière. Les lianes, après mille circonvolutions, atteignent leur sommet pour respirer à leur tour ; elles appartiennent aux familles les plus diverses : Fougères, Aroïdées, Sapindacées, Papilionacées, Strychnées.

Il semble que la terre ne suffise pas pour tant de végétation, et des touffes d'Orchidées et de Broméliacées aux fleurs brillantes sont accrochées aux troncs et aux branches des arbres, qu'elles ornent d'une verdure d'emprunt. Le *Tillandia usneoïdes* est une Broméliacée à longue tige tellement filiforme , avec des feuilles également étroites, que toute la plante pend des branches d'arbre comme des écheveaux de fil gris qu'on y aurait jetés en désordre. La surface de cette plante, très étendue proportionnellement à son volume, est protégée par les poils qui lui donnent sa teinte glauque. Le *Polypodium polymorphum* rampe sur l'écorce et pousse des frondes de forme différente, suivant qu'elles sont stériles ou portent des spores. Je me suis assuré que les racines des plantes prétendues *parasites* ne pénètrent pas dans le bois ou sous l'écorce vivante des arbres : elles n'insinuent leurs racines sous l'écorce que lorsque celle-ci est morte : elles sont simplement cramponnées à la branche d'arbre comme d'autres le sont au rocher. Elles ne sont qu'épiphytes. Aussi méritent-elles bien le nom gracieux de *flor del aire*, dont on les décore à Montevideo, où on prend plaisir à les voir fleurir suspendues dans les habitations, sans nourriture autre que l'air et l'eau dont on les arrose de temps en temps.

Une promenade entre la mer et la Lagoa m'a donné l'occasion de voir une végétation d'un caractère différent, grâce à une humidité moindre et quelquefois à la présence du sable pur, comme sol. Ce sable, entièrement siliceux, blanc, serait avantageusement employé pour la verrerie si cette industrie s'établissait à Rio, si la main-d'œuvre n'y était pas aussi chère.

Je traverse un bosquet d'Anacardes (*Anacardium occidentale*) actuellement en fleur. Cet arbuste fournit la pomme d'acajou (*Cajù* dans le pays), produit aqueux, parfumé, légèrement astringent, qui n'est autre que le pédoncule renflé et devenu charnu, tandis que le vrai fruit qui le surmonte est sec et ne se mange pas. A mon second passage à Rio, en février, j'ai pu goûter non-seulement la pomme d'acajou, qui mûrit en abondance en cette saison, mais la liqueur très rafraîchissante qu'on fabrique avec le suc légèrement fermenté, sous le nom de *cajuada*. Sur une myrtacée du genre *Psidium*, je ramasse une Cochenille couverte d'une enveloppe épaisse d'une sorte de cire blanche. Des *Inga* sont chargés de leurs gousses douceâtres que mangent les habitants. Une petite Sensitive épineuse est abondante dans une prairie naturelle au bord de laquelle se dressent des Cierges et des fourcroya dont les grandes hampes portent des bulbilles en place de fleurs. Sur les rochers voisins resplendit l'immense fleur d'un Amaryllis rouge de feu. Je trouve aussi sur le pied de la colline un de ces curieuses Bombacées dont le tronc est couvert de myriades d'aiguillons coniques semblables à de grosses verrues pointues, à peine adhérents à l'écorce.

Le sol de Rio de Janeiro est un beau gneiss porphyroïde. Les maisons en sont bâties ; les grandes taches blanc rosé qu'y forment les cristaux de feldspath produisent un effet décoratif des plus heureux. La roche contient de petits grenats roses en grande quantité. Des filons de pegmatite tourmalinifère et de granulite rose à mica blanc traversent la roche ; cela peut s'observer aux carrières de la pointe de la Gloria, ou vers l'usine à gaz en allant à *San Christovão*. Le pays est très accidenté, quoique tout formé de la même roche. Lorsque le gneiss s'est consolidé, il n'a pas pris les formes pointues et élevées du Pain de sucre, du Corcovado, des Orgues. Celles-ci ont été produites par la décomposition et le ravinement de la roche. Une sculpture si profonde de la contrée a demandé un temps très long et paraît indiquer que ces surfaces n'ont pas été recouvertes, depuis une époque géologique fort reculée, par la mer et ses sédiments. La terre provenant de la décomposition de la roche entretient à la surface de la partie encore vierge une humidité constante et chargée d'acide carbonique. Ces agents, favorisés par la chaleur du climat, produisent un travail chimique lent et sûr, qui, d'une roche résistante, fait de l'argile et du sable. Les torrents nés des pluies diluviennes de cet humide pays entraînent ces matières meubles ; ils creusent, en suivant les fissures de la roche, des sillons de plus en plus profonds, tout en respectant les roches, plus résistantes par leur nature ou que le relief déjà acquis met hors de l'atteinte des eaux.

Les rivières sont à pente faible, coulant lentement dans de profondes vallées. Elles paraissent annoncer aussi que le pays est une terre ferme depuis longtemps, puisqu'elles ont eu le temps d'établir un régime très régulier.

Les grandes épaisseurs de terre rouge qu'on rencontre sur les pentes faibles sont bien le résultat de la décomposition sur place de la roche sous-jacente. En effet, des veines de quartz qu'on voit dans la roche inaltérée se prolongent, à peine fracturées, à travers cette couche terreuse qu'on prendrait au premier abord pour un apport plus ou moins lointain. Il n'est donc

pas possible d'admettre que ces terres soient d'origine gla-
ciaire, comme le voulait Agassiz et comme M. Crevaux l'a déjà
réfuté pour certains blocs de roches de la Plata.

Au commencement de février 1879, j'ai passé pour la seconde
fois à Rio de Janeiro. J'ai profité de ce retour pour prendre le
chemin de fer Don Pedro II, en compagnie de l'abbé Mac, aumônier de *la Junon,* et visiter quelques grandes exploitations
agricoles. Le chemin de fer est à peu près en plaine jusqu'à
Belem, puis il monte assez rapidement jusqu'au-delà de la station de Palmeiras. Nous voyons à nos pieds se ramifier les vallées verdoyantes semées çà et là de cases et de blanches fazendas. Les parties qui ont été cultivées il y a peu d'années sont
d'un vert plus clair. Tel champ autrefois planté de café est aujourd'hui abandonné, parce que sa fertilité est épuisée. Nous
dominons la cime des arbres, dans les ravins au-dessous de
nous ; ils sont assez pressés les uns contre les autres pour former une nappe unie comme une prairie. Cette belle verdure est
relevée çà et là par des Mélastomacées dont la tête arrondie,
couverte de fleurs comme une gigantesque touffe de lilas, fas-
cine l'œil par son rouge éclatant. Les larges feuilles des *Cecropia,*
profondément découpées, blanches par dessous, donnent aux
fourrés un cachet tout spécial. Ce petit arbre, de la famille des
Mûriers et des Figuiers, est désigné par les Brésiliens sous le
nom de *Imbahuba da folha branca* (à feuille blanche); il y en
a une autre espèce, *da folha preta* (à feuille sombre). On ne rencontre guère ces plantes dans les terres absolument vierges, et
elles sont les indices d'un terrain peu fertile.

De la station de Barra do Pirahy, nous nous rendons à pied,
en suivant la rivière, à la fazenda du baron de Rio-Bonito. Nous
avons le plaisir de rencontrer un français, mécanicien du chemin de fer, qui nous indique notre chemin. De gros massifs de
bambous, dont les sommités retombent vers la terre, bordent le
chemin d'un côté, tandis que, vers la rivière, des Euphorbiacées

arborescentes et des Sensitives de notre taille baignent leur pied dans l'eau. Ailleurs ce sont des bosquets de grandes Mimeuses à fleurs blanches. Ces fleurs sont visitées par les oiseaux-mouches qui y cherchent des insectes. Mais ceux-ci, à leur tour, ont leurs ennemis tout près, car en voici un dont le cadavre pend dans la toile d'une robuste araignée.

La première personne que nous rencontrons en arrivant à la fazenda est le *feitor*, un brésilien, chef de chantier ou garde-chiourme, comme on voudra, occupé à surveiller une escouade de nègres esclaves qui font en ce moment des travaux de terrassement dans la fazenda. Un bâton, armé d'une forte lanière de cuir, indique quels sont les moyens de persuasion qu'il emploie à l'égard de son personnel. On ne sera nullement étonné si je dis qu'un homme de ce métier est d'un abord un peu rude. Nos connaissances en langue portugaise sont d'ailleurs très insuffisantes. Toutefois, soupçonnant que nous parlons français, il se décide, en l'absence du baron de Rio-Bonito, à nous adresser à M. Paralitici, un corse qui a l'amitié du maître de la maison et quelque fonction dans la fazenda. Nous relevons d'abord nos forces au moyen de l'inévitable *feijoada* [1], suivie de quelques autres plats. Ensuite notre guide nous conduit avec la plus grande complaisance dans les diverses parties de l'exploitation.

Voici d'abord les aires sur lesquelles on étend le café pour le faire sécher, pendant un mois à quarante jours. On ne le ramasse en tas couverts par des toiles que lorsque les pluies sont très abondantes. Le café venant de la plantation est d'abord entraîné, à travers une longue rigole en bois, dans un bassin où il se sépare des fruits avariés, des feuilles qui surnagent et des pierres qui restent au fond. C'est après ce lavage qu'il est étendu. Une fois sec, il est pilé dans des caisses en tronc de pyramide rectangulaire pour briser la coque, qu'un ventilateur sépare ensuite. Les beaux grains s'arrêtent sur un cri-

---

[1] Plat de haricots avec de la viande, qui se retrouve sur toutes les tables et à tous les repas; on y ajoute souvent, à mesure qu'on le mange, de la farine de manioc pour remplacer le pain. On cultive au Brésil un très grand nombre de variétés de haricots de toutes les couleurs et d'excellente qualité.

ble par le bord duquel ils s'écoulent dans une caisse placée devant, tandis que les petits grains et les débris passent à travers. Le triage est terminé à la main par des négresses esclaves. Il ne faut pas prendre le mot de négresses trop au pied de la lettre, car l'atelier m'a paru assez bigarré de couleur. Le café destiné à l'Amérique est roulé dans des cylindres en cuivre percés de trous : il s'y échauffe et prend une couleur brune qu'on recherche. Dans certaines fazendas, on remplace aujourd'hui les pilons pour la décortication du café par des cylindres concentriques tournants, dits machine de Ledgerwood, ou encore par des cylindres tournants extérieurs l'un à l'autre. En ce moment, la récolte du café est terminée et nous devons nous contenter d'admirer sur les coteaux voisins ces beaux arbustes aux feuilles luisantes régulièrement rangés sur un terrain bien entretenu. On ne les plante jamais dans les bas-fonds.

Les Caféiers sont exposés à une maladie qui en a fait périr un certain nombre. M. Jobert, qui a récemment étudié cette maladie, a trouvé qu'elle est due à un petit Ver (une Anguillule) qui se loge dans la racine. Celle-ci, après la sortie de l'animal, est envahie par les moisissures et se pourrit. On a introduit, dans la pensée de lutter contre cette épidémie, un Café de Libéria qui est plus robuste.

Bien que le café soit la principale production, la Canne à sucre est aussi cultivée dans la fazenda Santa-Anna. Le jus, au sortir du moulin, est cuit dans de petites bassines en cuivre, d'où on le coule dans des auges en bois en forme de prismes triangulaires couchés, ou dans des cônes en zinc dans lesquels on lui fait subir l'opération du terrage. D'autres fois, on le coule un peu plus cuit dans une turbine dont le mouvement en expulse la mélasse. Une autre partie du jus, étendue d'eau, est soumise à la fermentation pendant environ six jours, après quoi on distille pour obtenir le *tafia*. Pour le chauffage des appareils on emploie les coques de café et les cannes exprimées. Des cendres on extrait la potasse. Ainsi, rien n'est perdu. Ce perfectionnement est dû à M. Paralitici.

Nous passons successivement en revue les moulins à monder
le riz ; à séparer les grains de maïs de l'épi ; à réduire l'épi en
paille pour les porcs ; à moudre le grain de maïs en une farine
qui, séparée du son, sert à l'alimentation des nègres. A côté de
ces appareils, une autre, plus simple, broie le manioc, qui est
ensuite égoutté, pressé, séché sous forme de farine. Le ricin lui-
même est préparé ici : on le broie et le fait bouillir avec de l'eau,
pour en extraire l'huile.

Tout le travail est fait par des esclaves. Une loi de 1870 abo-
lit l'esclavage, mais elle a sagement ménagé une transition. Ce
ne sont que les fils nés postérieurement à la loi qui sont libres.
Le jour approche où les *fazenderos* ne disposeront plus du nombreux personnel qui fait leur richesse. Il est difficile de prévoir
ce que deviendra alors la production agricole, c'est-à-dire la
richesse du Brésil. Donnera-t-on aux *coolies* chinois le travail
en grande partie abandonné par les nègres ?

En quittant la fazenda, nous longeons le jardin, où je goûte
une grappe d'un magnifique raisin : le goût foxé en atteste d'une
manière irrécusable l'origine américaine.

Nous sommes encore à temps pour prendre le train qui va de
Barra do Pirahy à Saint-Paul, et nous nous arrêtons à la station
de Divisa ou Passa-Vinte. Malgré la nuit, qui est arrivée, nous
faisons deux ou trois kilomètres dans un chemin argileux, submergé par la rivière débordée, et nous atteignons l'usine de
MM. Paille et Fines, deux français auxquels nous sommes
adressés et qui nous reçoivent à bras ouverts. Ils se sont
installés en ce point, dans la colonie de Porto-Real, peu-
plée de suisses, d'italiens et de français, ont élevé en huit mois
une usine importante pour la fabrication de l'alcool. Les loge-
ments ne sont pas terminés et on se contente pour le moment
de baraquements en planches ; avant tout, il faut être en mesure de fabriquer, et c'est sur la terminaison des bâtiments de

l'usine que se concentre toute l'activité de construction. D'ailleurs, une partie des appareils fonctionne.

Nous voici entre d'immenses cuves en bois où fermente le jus de la canne. Dans un local contigu, un alambic perfectionné laisse couler un alcool parfaitement rectifié provenant des cuvées précédentes. L'administration de la colonie avait poussé les habitants à planter beaucoup de cannes sans pouvoir leur fournir comme débouché les usines sur lesquelles on comptait. Ce sont ces cannes qu'on utilise en ce moment. Plus tard, l'usine doit fonctionner principalement avec la patate, qu'on plante en abondance dans cette plaine d'alluvion limoneuse. La patate cuite et écrasée sera transformée en glucose au moyen de l'acide sulfurique et de la chaleur, et celui-ci deviendra alcool par la fermentation. La patate a l'avantage de donner plusieurs récoltes par an, et elle fournit facilement des eaux-de-vie de bon goût lorsqu'on a soin de conserver dans le liquide en fermentation un léger excès d'acide.

La colonie est dans une plaine d'alluvion entourée par une anse de la Parahyba. Elle s'établit aux dépens d'une forêt haute et touffue, où je vois des arbres élancés, mais pas de gros arbres. On me l'explique en me disant que cette forêt n'a guère plus d'un demi-siècle d'existence. Elle est coupée par de larges chemins au croisement desquels s'élève une école. Chaque jour on en défriche quelque parcelle.

MONTEVIDEO.

Autant la belle végétation arborescente est partout jetée à profusion à Rio, autant les arbres sont une exception à Montevideo. En arrivant dans les eaux limoneuses du *rio de la Plata*, on a devant soi une terre ondulée de petites collines couvertes d'une herbe courte. Quelques bouquets de Pins, qui parent seuls cette nudité, sont des plantations faites par les habitants. D'ailleurs, si la campagne est nue, les abords de la ville présentent des jardins charmants (*quintas*), ombragés par des Eucalyptus, des Orangers, des Acacias de la Nouvelle-Hollande, des Saules pleureurs et des Saules indigènes (*Salix Humboldtii*). A l'époque de notre arrivée (deuxième quinzaine de septembre), les parterres brillent de toutes les fleurs que fait aussi éclore chez nous le premier printemps. Anémones, Pensées, Violettes de Parme, Giroflées, Lilas, Camélias, épanouissent leurs fleurs en même temps que tous les arbres fruitiers des pays tempérés, Pêchers, Abricotiers, Poiriers, Cerisiers, couvrent leurs grêles rameaux de blanc et de rose. Les Acacias de la Nouvelle Hollande sont également fleuris.

Cette prépondérance de la végétation européenne donne aux différentes saisons le même aspect général qu'elles ont en Europe. En fin décembre, on fait la récolte générale des céréales européennes, et au mois de février, lors de notre second passage à Montevideo, le marché est abondamment pourvu de pêches, de prunes, de poires, de raisins, le tout d'excellente qualité. Les Eucalyptus forment ici de très belles allées ; les Orangers et les Camélias prospèrent en pleine terre. Tout cela indique pour Montevideo un climat analogue à celui de Nice. La latitude (34°,54) est la latitude moyenne de l'Algérie, mais ce pays-ci peut être moins chaud que le littoral algérien, par cette raison générale que l'hémisphère Sud est moins chaud que celui du Nord. La température descend rarement au-dessous de zéro.

Il me faut rouler plusieurs heures en chemin de fer pour trouver un bois, et quel bois ! Un maquis souvent taillé, à cause de la rareté des arbres dans tous les environs. Ce petit fourré, près du village de Sainte-Lucie, est d'autant moins intéressant que le printemps commence à peine et qu'en général les arbres se disposent à peine à reprendre leurs feuilles. Nous voilà loin des larges feuillages de Rio, verts pendant toute l'année ! Plus de grandes lianes, de végétaux épiphytes; ni Palmiers, ni Fougères arborescentes ! Chemin faisant, je suis frappé de l'abondance avec laquelle se sont propagées certaines plantes d'Europe, notamment le Cardon (*Cynara cardunculus*) et la grande Ciguë (*Conium maculatum*). Dans la rivière, je recueille quelque *Ampullaria*, *Unio, Anodonta*, mais je ne m'enrichis pas d'une seule coquille terrestre.

Le *Cerro* de Montevideo est une petite colline ronde qui limite la rade du côté de l'Ouest. Un matin je m'y rends en bateau pour en revenir le soir en tramway. Cette promenade me fait voir pour la première fois à l'état spontané, des *Echinocactus* et une petite espèce d'*Opuntia*. Les boules côtelées et épineuses des *Echinocactus*, extrême limite de la concentration d'un végétal sur lui-même, se dégagent à peine des pierres dont la pression les déforme. C'est une fête pour le naturaliste de voir enfin chez elles des plantes qu'il était habitué à rencontrer seulement par pieds isolés dans les serres et des animaux qu'il n'avait vus qu'empaillés dans les musées ! Diverses plantes qui font aussi l'ornement de nos jardins brillent dans le gazon qui couvre spontanément le *cerro :* ce sont des Verveines rouges et couleur lavande, des Pétunias, des Oxalis roses et jaunes. En passant, j'y recueille aussi le curieux *Trifolium polymorphum*, qui mûrit ses petites gousses sous terre. Çà et là quelques *Umbu (Phytolacca dioïca)* avec leur tronc empâté, au bois mou, sont les seuls végétaux arborescents du pays.

———

Les eaux saumâtres de la rade ne nourrissent pas une grande variété de coquilles , quelques tout petits Gastéropodes, de petites Moules et Avicules. Au moment du départ, j'utilise au profit de l'histoire naturelle un instrument dont ce n'est plus l'usage habituel. L'ancre qu'on vient de retirer a ramené du fond une vase grise et gluante. Le lavage de cette argile me fournit des Corbules (*Potamomya* ou *Azara labiata*). Un jour j'ai ramassé sur la plage un Myliobate qui y avait été abandonné par les pêcheurs : le palais, pavé de dents en forme de dalles, rappelle fidèlement les corps semblables qu'on trouve à l'état fossile dans nos terrains miocènes marins d'Europe. Un autre poisson, le *Bagre sapo ,* espèce de *Pimelopus ,* m'est signalé comme produisant une piqûre venimeuse avec le rayon épineux de sa nageoire dorsale.

Les Reptiles sont représentés par les terribles *Bothrops Vibora dela Cruz*) et *Crotalus* (le *Cascavel*, ou serpent à sonnettes, descend depuis les États-Unis jusqu'à l'Uruguay) ; par le Serpent corail, annelé de noir et de rouge ; par plusieurs Couleuvres. Il n'y a pas de Boas. Les Crocodiles et Caïmans s'arrêtent dans le Paraguay. Une des curiosités du musée est le nid du *Hornero* (*Furnarius rufus*), gros nid en terre, solidement bâti, muni d'un couloir contourné, inaccessible au grand bec du Toucan, et où les petits, bien abrités contre leur ennemi, sont logés chacun dans un compartiment séparé.

Un jour, sur le quai, j'ai rencontré deux beaux spécimens de la faune des Mammifères du pays : c'étaient deux *Leones* enchaînés qu'on venait de capturer dans l'île voisine, Flores. *Leon* est le nom que les habitants donnent au *Felis concolor* ou *Puma*, à cause de sa ressemblance avec la femelle du lion de l'ancien monde. Son congénère, le Tigre du pays ou Jaguar (*Felis onça*), s'avance jusque dans les provinces septentrionales de la république Argentine.

Un gibier assez recherché par l'homme comme par les félins que je viens de citer, est le *Carpincho* (*Hydrochœrus capybara*), qui se terre la nuit dans les rives des fleuves. Son museau, font remarquer avec étonnement les gens du pays, rappelle celui d'un Hippopotame, tandis que son corps, dépourvu de poils, est celui d'un Cochon. Plusieurs de nos compagnons de voyage ont poussé au sud de Buenos-Ayres, au moyen du chemin de fer, pour se livrer aux plaisirs de la chasse dans la *pampa*. Ils ont bien vu un ou deux groupes de *Guanacos* (*Auchenia lama*), mais toujours hors de portée du fusil.

La moyenne annuelle de la température à Montevideo est 16°,75, d'après un nombre assez restreint d'observations. A Buenos-Ayres, d'après Burmeister, elle serait un peu plus faible, 16°,50. En outre, la différence entre l'été et l'hiver y est plus marquée qu'à Montevideo : c'est une conséquence de la situation de ces deux villes, Montevideo étant plus voisin de la haute mer. A notre second passage dans les parages du Rio de la Plata, nous avons essuyé un *pampero* qui a subitement roulé sur nos têtes de gros nuages et nous a versé des torrents de pluie. Ces ouragans viennent du sud-ouest, après avoir balayé les pampas, dont ils amènent parfois de gros nuages bruns chargés seulement de poussière (*pampero sucio*). Ce vent, qui arrive sur les bords de la Plata, froid et sec comme le mistral dans le sud-est de la France, joue un rôle pareil ; après son passage, le ciel est complètement débarrassé de ses nuages.

Montevideo est assis sur les schistes cristallins ; j'ai pu observer ces roches dans ma promenade du Cerro : ce sont de ce côté des micaschistes gris, des diorites grenues, des amphibolites schisteuses, coupées par des filons de granulite et des veines de quartz. A l'est de la ville, la granulite est rose et passe à une pegmatite à grands cristaux d'orthose. A Indépendencia, le long du chemin de fer de Sainte-Lucie, j'ai recueilli une syénite rouge. Ces terrains fournissent du marbre blanc, du kaolin, des agates, de la magnésite, du cuivre natif. Dans la région sub-andine de la république Argentine, on a trouvé une faune silurienne ayant des rapports avec la faune silurienne scandinave de Russie plutôt qu'avec celle de l'Amérique du Nord. On y a aussi rencontré le terrain rhétique avec houille et plantes, et le jurassique (provinces de San Juan, de Mendoza).

Toutes les plaines de la région de la Plata et de la Patagonie sont formées par les terrains tertiaire et quaternaire. Çà et là seulement les schistes cristallins dont j'ai parlé, percent ce manteau de terrains récents pour former les *sierras de la pampa*.

De Parana jusqu'à l'extrémité de la Patagonie, à Punta Arenas, existe le terrain tertiaire caractérisé par une grande huître (*O. patagonica*) et d'autres Mollusques, des dents de Requins, de Myliobates, des Toxodon, Palæotherium, Anoplotherium. La formation tertiaire est généralement recouverte par le limon pampéen jaune ou rougeâtre. Dans le voisinage des montagnes, ce limon alterne avec des couches de sable et de cailloux roulés qui fournissent des nappes aquifères. C'est dans ce limon que sont enfouis les grand Édentés qui donnent un cachet si original à cette faune fossile : Megatherium, Mylodon, Glyptodon, Toxodon, associés à des Mastodontes. L'origine de cette formation a été très discutée. Marine pour d'Orbigny, elle paraît un dépôt d'estuaire à Darwin ; elle a même été considérée par Bravais comme un dépôt terrestre. L'opinion de Darwin paraît la plus probable.

Une formation alluviale, plus superficielle que toutes les autres, montre sur plusieurs points du littoral et dans l'intérieur, jusqu'à Rosario, des bancs de coquilles marines à plusieurs mètres au-dessus de la mer. A Montevideo, j'ai eu l'occasion d'observer ce dépôt et d'y recueillir des Moules, des Avicules et autres coquilles d'eau salée ou au moins saumâtre. Le *Potamomya* ou *Azara labiata*, que j'ai signalé comme vivant dans la rade de Montevideo, se retrouve dans ces plages soulevées, fort avant dans les terres, ce qui montre que les eaux saumâtres, qui ne dépassent guère aujourd'hui Montevideo, s'étendaient bien plus en amont à l'époque où se sont faits ces amas.

———

Ces vastes plaines de limon et d'alluvion, ces *pampas* herbeuses, sont parcourues par d'innombrables troupeaux. On sait que c'est là la fortune du pays. Les premières bêtes à cornes furent introduites du Pérou et du Brésil dans le bassin de la Plata, au milieu du XVIe siècle. Les chevaux suivirent de bien près. Le cheval est l'auxiliaire indispensable du *gaucho* pour la surveillance, la poursuite et l'exploitation de ses troupeaux. Une habileté prodigieuse dans l'équitation est la conséquence de l'importance prise par le cheval chez cette population. Je trouve jusque dans la recherche de la chaussure, ce minime détail de costume, une révélation des habitudes de ces hommes dont le pied ne leur sert guère qu'à presser le flanc de leurs chevaux. Le reste du costume est négligé, tout au moins peu éclatant. Il ne manque pas d'ailleurs d'une certaine originalité : dans des bottes vernies s'engagent de larges pantalons ; la tête passe à travers la fente d'un *poncho* qui tombe uniformément devant et derrière, et est coiffée d'une large feutre mou. La chemise est souvent en laine noire avec des plis bouffants.

Lorsque l'été arrive, le gaucho conduit au *saladero* les bêtes qui sont à point et dont la chair va être salée et séchée. J'ai tenu à voir un saladero, car c'est l'établissement industriel caractéristique du pays. Au mois de janvier, j'ai visité celui d'un français, M. Paulet, à 3 kilom. de Montevideo. Le troupeau, concentré dans une cour, est poussé dans un couloir de plus en plus étroit qui aboutit à une pente.... fatale. Les animaux, un à un, glissent sur cette pente et tombent sur un chariot qui les amène sous le stylet du tueur. Lestement, par un coup dans la nuque, l'animal est privé de vie. En quelques minutes, d'autres hommes le saignent, l'écorchent, séparent les membres et divisent la chair en larges plaques minces. On ne se met pas en train pour traiter moins de 700 bœufs dans une journée ! La chair est mise par trois fois alternativement dans la saumure et en piles avec du sel sec. Ensuite on l'étend au soleil un jour et on la remet en piles pendant trois jours, en alternant par trois fois ces traitements. La durée totale des opérations est d'une quinzaine de jours. La chair grasse va au Brésil, où elle sert à apprêter la *feijoada* ; la maigre est expédiée aux Antilles. J'en ai goûté toute crue qui venait d'être préparée : cela vaut bien un morceau de saucisson. Mais en grande quantité et lorsqu'elle est vieille, cette viande répand dans l'air une odeur désagréable : témoin l'odeur des rues de Rio de Janeiro, où cette viande est accrochée dans toutes les boutiques. D'autres prétendent que ce qu'on sent dans les rues de Rio, c'est l'odeur des nègres.

Comme produit accessoire, le saladero fond le suif au moyen d'un jet de vapeur et l'enferme dans des caisses. La moelle subit la même préparation et est destinée à la cuisine. La graisse des juments est liquide ; on l'épure et elle sert pour les machines. L'huile des pattes est fabriquée à part. Comme le combustible est rare dans le pays, ce sont les os dépouillés de leur moelle et les autres résidus d'extraction de la graisse, les carcasses desséchées, qui servent de combustible. J'ai vu des pyramides de cous qui séchaient au soleil. Tout cela sent un peu moins mauvais qu'on ne pourrait s'y attendre au premier abord. Que d'azote perdu dans cette destruction de la matière animale par le feu ! Mais le phosphore ne l'est pas, car les cendres d'os sont recueillies. On les envoie généralement en Angleterre.

Les moutons n'ont guère été élevés jusqu'ici que pour la laine et le suif. La viande de leurs bœufs constituait autrefois la nourriture exclusive des gauchos. Aujourd'hui la culture des céréales s'étend, et on plante des vignes.

MAGELLAN.

Les plaines basses que traverse la Plata se prolongent jusqu'à la pointe méridionale de l'Amérique. Les deux bords du détroit de Magellan à son entrée orientale sont formés par une côte basse, découpée en falaises minuscules, qui, vues du navire, paraissent être une roche tendre et grise, comme du sable. Cette surface, comme les pampas des environs de Montevideo et de Buenos-Ayres, est dépourvue d'arbres et d'arbustes.

Le 3 octobre, au milieu du jour, nous faisons notre entrée dans le détroit. Le ciel, qui est resté constamment couvert depuis notre départ de Montevideo, nous laisse revoir le soleil. Aussi avec quelle avidité chacun s'étale sur la dunette pour recevoir ces rayons bienfaisants du printemps et jouir de la vue de cette côte étrange, plate et déserte !

Dans ces parages, les courants atmosphériques ainsi que ceux de l'Océan viennent du pôle et sont froids. Il ne faudrait pas croire pourtant que cette mince pointe de terre avancée au milieu d'un vaste Océan subisse de grands froids : ceux-ci y sont aussi inconnus que les températures élevées. Pendant notre court séjour, nous n'y avons pas observé, même aux heures les plus froides, de température inférieure à zéro[1]. Le climat est essentiellement maritime, c'est-à-dire peu différent de l'été à l'hiver. La température du mois le plus chaud de l'année, janvier, à Punta-Arenas (53°,9 lat. Sud), n'est que 12°,66, mais la température moyenne des mois les plus froids, juin, juillet, atteint le chiffre relativement élevé de 1°,89. La température moyenne annuelle est 7°,3. Elle est inférieure à celle du nord de l'Écosse, qui a en Europe la même latitude. C'est là la loi générale des températures plus basses dans l'hémisphère Sud, à latitude égale, consé·· quence de la différence de distribution des terres, des mers et des courants. Avec cette moyenne annuelle si peu élevée et grâce à la douceur de son hiver, le détroit de Magellan possède des végétaux spontanés qui craignent les hivers de Provence ! Je veux parler des magnifiques Fuchsias, hauts de 4 mètres, d'où pendent des milliers de fleurs au calyce vermillon et à la corolle pourprée.

Le soir de notre entrée dans le détroit, nous mouillons à Punta-Arenas, misérable colonie chilienne qui fut saccagée, il y a peu de temps, par les forçats chiliens révoltés. Nous ne visitons d'ailleurs que très rapidement, et de nuit, la ville, composée de quelques maisons en planches, et le pays environnant. Autour de Punta-Arenas, le terrain commence à être accidenté. Je monte sur une petite colline qui domine la ville et, dans l'obscurité, en palpant, je cherche à recueillir quelques échantillons de la flore. Les arbres de ce pays ont aussi leurs parasites, et sur l'un d'eux, encore dépourvu de ses feuilles, je recueille un *Mysodendron*, plante de la famille du Gui. Le parasite est plus avancé que son hôte forcé, sa toilette de printemps a été plus vite faite, car il ne porte jamais de feuilles sur ses tiges grêles, d'un jaune verdâtre, et avec sa sève d'emprunt il a déjà développé ses tristes petites fleurs. Une Composée me rappelle par son état de brous-

---

[1] Dans ma première note (*Bull.*, tom. II, 1879, pag. 433, dernière ligne), au lieu de : 9°,2, lisez : 0°,2.

saille que je suis dans l'Amérique méridionale. Elle n'est pas fleurie encore, mais au mois de janvier je retrouverai ses touffes cendrées couvertes de fleurs d'un blanc pur. — C'est toute ma récolte pour ce soir.

Le lendemain, de bonne heure, nous doublons déjà le cap Froward (lat. 53°,54′), à partir duquel notre route, dirigée d'abord vers le S.-E., se relève définitivement vers le N.-O. Au lieu de sortir directement dans le Pacifique, au bout du détroit, en rangeant le cap Pillar à babord, nous nous engageons dans les canaux latéraux de la côte ouest de Patagonie jusqu'au golfe de Pégnas. L'aspect du pays est absolument différent de celui à l'entrée du détroit. La navigation se fait entre des montagnes souvent escarpées, quelquefois au pied d'une noire muraille de rochers qui s'enfonce dans l'eau à des profondeurs inconnues. Les détours répétés de la route nous mettent sans cesse en face de nouvelles perspectives, caps et presqu'îles déchiquetées, étroits goulets à franchir, canaux semés d'îlots, baies profondes et mystérieuses se démasquant à chaque tournant. D'immenses glaciers couvrent les cimes ; la neige est à quelques centaines de mètres au-dessus de nous, et parfois nous passons au milieu des blocs de glace flottante écroulés de quelque glacier qui vient baigner son front dans la mer. Les passes sont étroites et semées d'écueils. Souvent la route paraît fermée devant nous par des rochers élevés, contre lesquels des courants de marée excessivement violents menacent de nous briser. Nous passons à toute vitesse pour ne pas céder à la dérive, et un coup de barre donné à propos nous a bientôt fait tourner l'obstacle.

La navigation de nuit est impossible dans ces conditions, d'autant plus que le ciel est obscurci par la brume. Chaque soir nous mouillons dans quelque baie où le capitaine a le soin de nous faire arriver un peu avant la nuit. Une fois même, nous avons pu courir toute une après-midi sur cette terre si peu visitée. Nous avons mouillé ainsi deux fois dans le détroit et trois fois dans les canaux latéraux. Dans le voyage de retour, nous avons également passé par les canaux latéraux et

le détroit, mais nous avons forcé les étapes et n'avons mouillé
que trois fois en tout, les 24, 25 et 26 janvier 1879, à des heures
fort tardives. Comme nous voilà loin des voyages de Magellan
qui employa trente jours pour franchir le détroit qu'il avait
découvert, de Bougainville qui mit quarante jours pour en
franchir la moitié et dix jours pour l'autre moitié ! Et il ne s'agit
là que du détroit, tandis que nous avons en outre parcouru les
canaux latéraux qui sont encore aussi longs. C'est que les anciens
navigateurs étaient obligés d'attendre le vent !

Après avoir été balancé par la longue houle des mers du Sud,
glisser sur une eau absolument plate, entre des rochers et des
bois dont le pied baigne dans l'eau, cela donne l'impression
d'une navigation fluviatile. On dirait une rivière à peu près sans
courant, sauf dans certains goulets où nous voyons les grandes
algues se coucher sur les écueils et les remous de l'eau battre
les rochers de la berge. C'est le courant de marée, qui augmente
parfois notre vitesse de quatre milles à l'heure. Je pense à une
Suisse plongée dans la mer jusqu'à la hauteur de Chamonix :
l'eau occuperait le fond des vallées ; un dédale de pics et de
crêtes resterait seul visible.

La ligne des neiges perpétuelles, jusqu'au Chili central, se
tient à une assez grande hauteur dans les Andes ; au delà, elle
s'abaisse brusquement, de manière à n'être plus qu'à 1800ᵐ à
l'île Chiloë, par 42° lat. ; à la Terre-de-Feu, elle est à 1050ᵐ.
Au mois d'octobre, la neige descendait jusqu'à environ deux
cents mètres du niveau de la mer. Au mois de janvier, cette limite s'est relevée très sensiblement. De vastes revers de montagnes m'apparaissent couverts de vrais glaciers avec leur couleur bleue si douce. En octobre, ils étaient couverts de neige
blanche, et d'ailleurs l'état généralement voilé du ciel n'avait
guère permis à ma vue de les atteindre. Plusieurs de ces glaciers descendent jusqu'à la mer, à une latitude qui n'est pas
supérieure à celle de Paris : conséquence de l'humidité du pays
et du peu de chaleur des étés ! Nous avons rencontré, aussi bien
à l'arrivée qu'au retour, les *iceberg* détachés du front de ces

glaciers, dans le canal Wide (50° lat.), le long de l'île Wellington.

La succession des formations géologiques de l'Est à l'Ouest offre une certaine régularité : on va des plus récentes aux plus anciennes. Après les plaines basses de l'Est, formées par le tertiaire patagonien, viennent les poudingues triasiques de Punta-Arenas. Dans la partie centrale du détroit (presqu'île Brunswick et portion contiguë de la Terre-de-Feu), les crêtes se montrent dentelées ; ce sont des schistes anciens, durs et pénétrés de veines de quartz, comme j'ai pu le constater au mouillage de la baie Fortescue. Ces schistes sont orientés à peu près Nord-Sud. Plus à l'Ouest, le changement d'aspect du paysage m'avertit du changement de nature du sol : les formes sont encore hardies et les pentes raides ; les canaux sont très encaissés, mais les sommets s'arrondissent en dômes et il n'y a plus de fines aiguilles. On dirait que des granites ont remplacé les schistes. En effet, en descendant à terre, je confirme ma supposition fondée sur l'aspect du paysage, et dans les mouillages de Swallow, l'Isthme, Puerto bueno, Grappler, Colombine, je ne recueille plus que des roches granitiques.

Les rochers qui bordent le détroit et les canaux latéraux de la Patagonie sont nus sur bien des points, à cause de leur forme escarpée et de la violence du vent. Mais dans les parties abritées, dans les dépressions, des bois verdoyants adoucissent la sévérité du paysage. Les hêtres à feuilles persistantes et quelques conifères forment le fond de cette végétation riche en individus plus qu'en espèces. Les hêtres (*Fagus obliqua* Mirbel, *Fagus betuloïdes* Mirb.) ont de petites feuilles raides et dentelées dont le nombre supplée la grandeur. Leurs branches se ramifient et s'étendent à la manière de celles de notre hêtre d'Europe ; ils forment d'assez beaux arbres sur les points qui leur sont favorables. Là où ils ne sont pas abrités suffisamment, leur feuillage est disposé par touffes qui s'étalent en étages séparés par de grands vides. Cette disposition donne un caractère spécial à beaucoup de paysages magellaniques. Je suis convaincu que cette forme si fréquente dans ce pays est due à l'action du vent. Je l'ai retrouvée dans notre pays aux arbres disséminés sur des crêtes élevées et isolées.

La partie sud des canaux latéraux est environnée de montagnes moins hautes que le long de l'île Wellington (partie Nord). Les canaux sont larges, ouverts à tous les vents. Aussi les arbres y sont rares et la roche se montre à nu, avec des herbes demi-desséchées et de chétives broussailles dans les fissures et les dépressions. Ces arbres élèvent leur tête juste au niveau du rocher qui les abrite, d'où l'on voit bien que le vent est la seule cause de leur rabougrissement.

Le parcours des bois est difficile à cause de l'inégalité du terrain, des broussailles, des arbres tombés qui s'entre-croisent, mais on peut choir sans se faire aucun mal, tellement tout cela est capitonné par la végétation épaisse qui rampe à la surface.

A notre premier passage, j'ai dû me contenter pour toutes fleurs de deux espèces d'Épines-vinettes. Ici comme à Montevideo, comme en Europe, ce genre cosmopolite, aux caractères si uniformes, fleurit au premier printemps. Lorsque nous revenons dans les mêmes parages, les baies noires des deux Épines-vinettes (*Berberis Darwini, B. dulcis*), sont mûrs. Mais je suis émerveillé par la profusion des fleurs brillantes dont le luxe contraste avec la solitude sauvage du pays. Ce sont des fourrés de *Fuschia coccinea*, aux fleurs étincelantes. C'est le *Philesia buxifolia*, asparaginée dont les fleurs peuvent rivaliser pour la grandeur et pour l'éclat avec celle des Camélias. Le *Desfontainea spinosa* est tellement pareil à notre Houx par la forme de ses feuilles et par son port, que personne autour de moi ne doute que ce soit lui. Il en diffère beaucoup par sa jolie corolle en forme de tube rouge bordé de jaune et par ses feuilles opposées, et se rapproche des Strychnées. Moins brillant est l'arbre de Winter (*Drimys*

Winteri), avec ses petites fleurs de Magnolia en miniature. L'arome de l'écorce est agréable, mais tellement irritant que le contact sur la langue est insupportable. Sur le rivage, des arbustes en touffes serrées forment une haie de fleurs blanches : c'est une Astéroïdée aux feuilles cendrées et une Vacciniée (*Pernettya*) dont les fleurs sont relevées par l'éclat de petites baies rouges.

Il n'est pas de jardin où l'on ait accumulé les arbustes à fleurs plus brillant que le détroit à cette époque de l'année. Je pense à la pauvreté de notre Europe en arbres et arbustes à fleurs colorées: voilà le détroit par 54° de latitude, avec des étés froids, bien plus richement doté qu'elle !

A côté de genres propres à l'hémisphère austral, comme les *Empetrum* et les *Rhopala*, voici des genres représentés aussi en Europe : *Hamadryas*, *Drosera*, *Caltha* (*dioneæfolia*), *Ilex*, *Geum*.

Les Conifères se mêlent aux Dicotylédones, mais pour une très faible proportion, dans les parties que j'ai visitées. La plus étrange, à cause de sa petitesse et de son port, est une Taxinée rampante au milieu des herbes du sol tourbeux : le *Lepidothamnus Fonkii* Philippi, qui remonte au Nord jusque dans la Cordillère de Valdivia. Parmi les Fougères, le *Lomaria Magellanica* avec sa corbeille de grandes frondes unipinnées, raides, sur un stipe trapu, rappelle les Fougères arborescentes de la zone tropicale. Ras du sol, dans les mousses, sont les délicats *Hymenophyllum* légers et transparents comme des ailes d'abeilles. Les Mousses sont abondamment développées. Sur ces terrains éminemment imperméables, arrosés par des pluies fréquentes et des fontes de neiges, l'eau ruisselle de tous côtés. Aussi les Sphaignes y forment un tapis épais et sont associées à d'autres plantes de tourbières, les *Hamadryas*, *Drosera*, *Caltha*.

La mer est proportionnellement aussi riche en végétaux que la terre. Le gigantesque *Macrocystis pyrifera* flotte en traînées suspendues par les pétioles gonflés de gaz de ses phyllomes. Des Algues en grandes plaques coriaces digitées comme des cornes d'Élan, s'entremêlent aux cailloux de Fortescue. Sur les coquilles et sur les échantillons de granite que je recueille à Port-Galland, des croûtes d'Algues calcaires font des taches roses et jaunes.

———

La faune serait pleine d'attraits pour celui qui aurait le temps de l'étudier. Un Crabe vert, aussi brillant que les plus beaux de la région tropicale, me donne une haute idée des Insectes du pays. Les Moules sont si abondantes sur les rochers qu'en une heure, avec des pelles, nous en avons rempli un canot, lors de notre premier passage. Elles étaient excellentes à manger. Elles sont de deux espèces, l'une lisse, l'autre avec de faibles côtes ; elles sont très grandes. La seconde fois nous en avons pris aussi, mais tellement remplies de petites perles dans l'épaisseur de leur manteau, qu'elles craquaient constamment sous la dent et étaient désagréables à manger. De grandes Fissurelles, d'un fort mauvais goût, sont aussi fixées au rocher, ainsi que de larges Oscabrions. Je recueille deux genres de Gastéropodes spéciaux au détroit : *Trophon* (*T. Magellanium*) et *Monoceros* (*M. imbricatum*), ce dernier curieux par la longue dent qui fait saillie sur le labre de la coquille.

———

Durant notre séjour dans le détroit et les canaux latéraux, nous n'avons pas vu un seul homme sur les terres qui nous entouraient. Descendus à terre, nous reconnaissons des traces des rares sauvages qui habitent ces parages, dans des branches d'arbres cassées et courbées en un abri que je n'oserai pas même appeler une hutte. Un jour, répondant à une attente générale, les sauvages, de vrais sauvages, se montrent à nous dans une pirogue. On stoppe, mais nous les avons déjà bien dépassés et nous ne pouvons pas les attendre assez longtemps pour leur permettre de nous rejoindre. Le lendemain, une nouvelle embarcation est signalée à l'avant : cette fois elle réussit à nous accoster, et des échanges, parfois assez baroques, sont faits : vêtements, pain, biscuit de mer, tabac, allumettes, contre des peaux, des flèches

L'un de nous obtient une queue de loutre fraîchement tuée, garnie de son poil ; un autre un bouton de culotte d'origine anglaise, dont notre sauvage ne trouvait apparemment pas l'emploi. En tout cas, ce n'est pas pour son costume qu'il peut en consommer beaucoup: quelques peaux de loutres cousues ensemble lui couvrent les épaules, et c'est un grand luxe lorsque ce manteau descend assez bas pour être serré autour de la ceinture. Ils sont là environ une douzaine, entassés dans une embarcation étroite et allongée, hommes, femmes, enfants et chiens, avec un foyer au milieu. Ces chiens, au museau pointu et au long poil, ont un air de renards ; ils paraissent former une espèce distincte. Les pagayes sont faites de deux pièces, un manche et une palette fixés ensemble par des liens. Une vieille femme, à l'arrière, manie la pagaie, qui tient lieu de gouvernail. Un de leurs objets d'échange nous donne une idée de leur industrie : c'est une flèche dont la pointe est taillée dans un morceau de verre vert. Ce tesson de bouteille travaillé par la main d'un sauvage représente à lui seul deux civilisations les plus éloignées. Sa substance fait penser à la fine liqueur qu'a contenu le vase et au steamer qui l'a appportée sur ces bords, tandis que le travail du *fuégien* qui l'a adapté à un nouvel usage appartient à l'industrie la plus embryonnaire, celle de la « pierre taillée ». Voilà ces deux civilisations, séparées ailleurs par tant de siècles, existant ensemble dans un même lieu.

Le soir du même jour vers 11 heures, lorsque plusieurs de nous étaient déjà couchés, un grand tumulte nous rappelle sur le pont : c'est le va et vient, le mouvement de curiosité excité par des Fuégiens, les mêmes, sans doute, que nous avons vus dans la journée, qui n'ont pas craint de ramer toute l'après-midi et toute la soirée pour nous atteindre à notre mouillage. Ils sont accostés le long de *la Junon* et nous décidons tous les hommes à monter à bord, mais non les femmes, qui restent obstinément dans la pirogue.

On donne quelques aliments à ces hommes. A cette heure, on ne trouve plus que des conserves : les sardines à l'huile paraissent fort à leur goût, à en juger par la façon dont ils lèchent les assiettes. Ils ne dédaignent pas le vin. Lorsqu'on fait mine de retirer les verres qui sont devant eux sur la table, ils les rapprochent d'eux et les entourent de leurs bras nus, montrant leur instinct de possession. Notre curiosité satisfaite, on les décide à redescendre l'échelle. Un ou deux paraissent à demi-enivrés par la petite quantité de vin qu'ils ont bue. Par exemple, je serais curieux de savoir ce que sera devenu le costume complet de toile blanche qu'a donné à l'un d'eux notre ami B..!

Cette demi-intimité m'a permis d'observer ces Fuégiens avec quelque loisir. La taille est médiocre. Leur peau est d'une couleur chocolat uniforme. Les cheveux sont noirs, pendant en mèches plates sur les côtés ; ils sont raccourcis sur le front et derrière. Les poils sont très rares sur la figure et ailleurs ; ils sont courts et ont peut-être été coupés. Les vieux ont des poils blancs au menton, tandis que les cheveux sont tout noirs. Les dents sont blanches, usées ; elles manquent en partie chez les vieux. Les ongles sont robustes et fortement bombés.

La tête est brachycéphale, la figure large, avec des pommettes assez saillantes, le front bas et étroit. Sous des sinus frontaux très saillants s'ouvrent des yeux noirs, brillants, bridés mais non obliques. Le nez, étroit en haut, large en bas, a peu de relief. La bouche est grande.

Le piano a paru les intéresser, mais un miroir dans lequel on les fait regarder ne les étonne que médiocrement : d'autres voyageurs leur ont sans doute déjà fait voir leur image. La tendance à l'imitation est chez eux très grande ; on dirait des enfants ou des singes. Nous remarquons la facilité avec laquelle ils répètent nos paroles, sans les comprendre.

VALPARAISO.

Cinq jours après notre sortie des Canaux latéraux par le golfe de Pégnas, nous mouillons devant Valparaiso. Depuis Montevideo, notre traversée a duré dix-sept jours (27 septembre - 13 octobre). Il nous tarde de nous retrouver dans un pays civilisé et de pouvoir faire de nouveau des séjours à terre de quelque durée. Aussi ressentons-nous vivement ce plaisir qu'on éprouve en revoyant la terre, lorsque la côte se dessine graduellement devant nous. Les collines, rouges et pelées, resplendissent au soleil. Les broussailles font de rares taches sur ce sol maigre et mal arrosé. Valparaiso est bâti sur le rivage en arc de cercle très ouvert. Du pourtour de la rade, la ville s'élève sur les coteaux, formant un amphithéâtre coupé en plusieurs tronçons par de profonds ravins. La sécheresse, la nudité, la vive teinte rouge de ces croupes montagneuses me rappellent certains sites de la Provence. La couleur rouge du sol est due ici à la décomposition des roches cristallines.

A quelques heures de chemin de fer de Valparaiso se dresse une montagne d'environ 2,000^m de hauteur : la cloche de Quillota. Elle a été visitée par Darwin [1]. L'ascension me paraît intéressante et n'est pas hors de ma portée ; je me décide à la tenter. De Valparaiso à Vigna del Mar, la première station, on rencontre des *quintas* (maisons de campagne) à l'extérieur coquet et aux abords ombragés. Les collines du littoral, entre lesquelles le chemin de fer circule, sont assez arides. Un petit arbre disséminé çà et là est couvert de fleurs jaunes : c'est un Acacia (*A. cavenia ?*) qu'on prendrait au premier abord pour un Acacia Farnèse, mais il n'a pas d'odeur ! Le paysage emprunte

---

[1] *Voyage d'un naturaliste autour du monde; 1831-1836.*

un cachet spécial à la présence de grands Cierges et de quelques
pieds d'un Palmier trapu, à tronc renflé dans le milieu comme
un tonneau. Ce représentant très austral de la famille est loin
d'avoir la grâce et la luxuriante frondaison des Palmiers des
Antilles et des Amazones. Son feuillage maigre et dur lui donne,
comme au Dattier, un caractère désertique approprié à la sécheresse du climat. Les Cierges sont parés de leurs fleurs soufrées,
en plein jour, contrairement à beaucoup de leurs congénères.
Leurs tiges robustes, relevées de côtes épineuses, sont très-peu
ramifiées. Elles se dressent dans leur raideur et leur immobilité
en touffes hautes de quelques mètres. Ces végétaux tiennent en
réserve dans leur tige charnue une grande quantité de sève.
Ils n'exposent à l'air qu'une surface très restreinte par l'absence
de feuilles, et dont l'évaporation est encore diminuée par l'épaisse
cuticule qui recouvre leurs rameaux. Ces caractères les rendent
éminemment capables de résister à l'aridité des rochers sur
lesquels ils croissent, et à la sécheresse de l'air.

Dans une plaine traversée par une petite rivière, j'ai à gauche
la ville de Quillota, à droite la montagne. Cette plaine, avec ses
champs de céréales et ses grands Peupliers d'Italie, a un aspect
européen. Les talus du chemin de fer sont plantés de Robi-
nias, de Genêts, entre lesquels brillent les fleurs jaunes des
Escholtzias. L'homme civilisé a amené avec lui ses races de végétaux et d'animaux domestiques, bien plus souvent qu'il n'a
cherché à améliorer ceux qu'il a trouvés dans les pays nouveaux.
La civilisation se continue elle-même et se transporte ; elle ne
se recommence pas.

Un grand nombre de plantes sauvages le long de la route qui
traverse la plaine sont elles-mêmes venues à la suite de l'homme
et rappellent l'Europe : *Rumex*, *Polygonum*, *Urtica pilulifera*,
Radi, Cresson de fontaine, Mauve sauvage, Grande Ciguë, *Am-
mi visnaga*, Marrube blanc, Verveine officinale (ou une espèce
indigène bien voisine), Chardon Marie, Cardon (*Cyn. Cardunculus*), à côté des végétaux indigènes *Myriophyllum*, *Jussiæa*,
Azolla magellanica.

Sur la route poudreuse de Quillota à la Cloche, je rencontre quelques *guasos* ou campagnards, à cheval, couverts du traditionnel *poncho* rayé et le pied enfoncé dans un étrier en bois, semblable à un gros sabot sculpté. Leurs éperons d'argent sont quelquefois assez grands pour empêcher le talon d'appuyer sur le sol lorsque ces centaures se décident à quitter leur monture.

Le pied de la colline est couvert de bois. Sur les parties sèches et rocailleuses ce ne sont guère que des broussailles épineuses (*Colletia*, *Acacia cavenia*), entremêlées de Lobéliacées frutescentes. Une Casse (*C. tomentosa*) émaille de ses fleurs jaunes un lit de torrent desséché. Dans les vallons plus frais, une Laurinée, le *Boldo* (*Boldu chilanum*), en ce moment en fleur, forme des massifs ombreux. Le long d'un ruisseau, un *Drimys*, très voisin du *Drimys Winteri* de Magellan, épanouit ses petites fleurs parfaitement blanches, à odeur suave. Une petite Capucine (*Tropæolum*) à fleurs tricolores grimpe à ses branches. Ailleurs, les pentes sont garnies de grandes Graminées semblables à des Bambous, mais ayant la tige pleine et très résistante (*Chusquea*).

Après les Cierges, plus nombreux que dans le bas, le végétal le plus original dans la zone de 500 à 1,000^m est le *Bromelia sceptrum* : d'une touffe de longues feuilles ensiformes s'élève une hampe chargée de fleurs jaunes, à la manière de celles des Agavés, mais en grappe plus serrée. Cette hampe, haute d'environ 4 mètres, porte bien 300 fleurs. Les feuilles sont armées sur leurs bords d'aiguillons acérés et crochus.

Dans les pelouses ombragées brillent les fleurs jaunes des Calcéolaires entremêlées à des touffes d'*Aggeratum* et à l'*Adianthum concinnum*, presque identique à notre Capillaire.

Les Composées frutescentes jouent un rôle important dans la flore du Chili aussi bien que dans celle du Brésil. Mais sous le climat sec de Valparaiso, elles prennent des formes maigres, à feuilles souvent très étroites, au point de ressembler à des

Bruyères. Une autre Composée me frappe par sa tige grimpante et par les vrilles au moyen desquelles elle s'accroche aux arbres voisins : ces vrilles sont le prolongement de la nervure médiane de la feuille.

A mesure que je monte, le *Bromelia* à fleurs jaunes est remplacé par un autre qui porte de belles fleurs violettes. Celui-ci, qui doit résister à des sécheresses probablement plus grandes et à des variations de température plus extrêmes que sa congénère de la région moyenne de la montagne, est aussi mieux défendu : avec un feuillage aussi étroit et coriace que le sien, elle est couverte d'un fin duvet qui lui donne un aspect argenté. Un tout petit Oiseau-Mouche à long bec voltige autour de ces fleurs violettes, et, sans se poser, y happe les insectes en quête de nectar. On dirait un gros sphinx, dont son vol reproduit le bourdonnement.

Vers le haut, les Cactées en boule viennent se joindre aux Cierges. Au sommet, un Hêtre (*Fagus obliqua* Mirbel), à feuilles de Charme, cherche la fraîcheur qu'il ne trouve pas dans le bas.

Au sommet et dans la partie supérieure du revers Sud, je trouve en abondance une de ces Composées ayant l'aspect d'une Bruyère, une Labiée à port de Romarin, des Chusquea, une toute petite Ombellifère épineuse, à fleurs jaunes ; une Verveine rampante, à fleurs lilas pâle; un Chardon-roland (*Eryngium*) à feuilles de Pandanus ; un Groseiller, un Ephedra, diverses petites Graminées herbacées. Ni les Cierges ni les Cactus sphériques du versant Nord ne montent aussi haut sur le versant Sud, qui tourne le dos au soleil.

Il aurait fallu atteindre des altitudes plus grandes que ne pouvait m'en offrir cette montagne, pour rencontrer ces curieuses Violettes des Andes décrites par Philippi, qui ressemblent à un petit artichaut, tellement leurs feuilles sont petites, dures et serrées les unes contre les autres en rosette. Cette adaptation si remarquable aux conditions climatériques a donné la même forme aux *Plantago rigida*, *P. nubigena*, *Valeriana rigida*, *V. tenuifolia*, des Andes du Pérou.

Le bas de la Cloche, comme toutes les collines du pays, est occupé par des troupeaux de bœufs et de chevaux qui fuient à mon approche. Ces bêtes sont parquées sur de très grandes surfaces, au moyen de profonds fossés et de barrières formées avec des buissons qu'on coupe et entasse sur le bord du fossé. Quelques sentiers irréguliers pratiqués par les animaux me servaient de chemin dans le bas; en approchant du sommet, la marche est plus accidentée. Du bas en haut je n'ai rencontré d'êtres humains que deux cavaliers à la recherche d'un taureau.—Les oiseaux ne me paraissent pas nombreux: j'ai seulement vu un Condor planer quelque temps au-dessus de moi.

Je ne réussis à atteindre le sommet qu'au moment où le soleil vient de se coucher et disparaître dans la mer. En me hissant sur la pointe d'un rocher, je vois tout d'un coup les Andes. C'est un émouvant spectacle dont je n'oublierai jamais la majesté ! L'espace qui m'en sépare est voilé d'une légère brume qui semble couvrir un abîme. Au-delà s'aligne la puissante arête du continent sud-américain, comme une muraille sans pareille, sur laquelle l'Aconcagua et quelques autres sommets s'élèvent comme des tours proportionnées au reste de l'œuvre. Ce n'est pas un enchevêtrement de crêtes et de pics d'inégale hauteur comme les Alpes et les Pyrénées. La chaîne paraît tout d'une venue, sa crête s'élève uniformément : seuls au-dessus de cette ligne droite les cônes volcaniques s'élancent dans un isolement qui les fait paraître encore plus raides et plus terribles. La neige couvre toute la partie supérieure des cônes et de la chaîne, et descend jusqu'à une ligne moyenne parallèle à celle de la crête.

La cloche de Quillota est constituée par une brèche toute formée d'éléments empruntés à des roches feldspathiques à texture tantôt compacte, tantôt porphyroïde, vertes, lie de vin, brunes.

J'ai rencontré les traces de deux recherches de Cuivre dans des filons de Quartz avec Chalcopyrite et Malachite fibreuse. J'ai trouvé aussi des veines d'Épidote compacte et cristallisée, vert pistache. Ce dernier minéral paraît assez fréquent dans l'ouest de l'Amérique du Sud, car je l'ai aussi trouvé à Valparaiso et au Pérou.

C'est dans un ensemble différent de celui de la cloche de Quillota que l'Épidote se rencontre à Valparaiso. Ce sont des roches très cristallines à apparence de Gneiss et de Granite, formées d'un Feldspath triclinique, de Mica noir, d'Amphibole ou d'Hypersthène, sans Quartz. Des filons de Pegmatite graphique et de Granulite blanche ou rose traversent les Schistes cristallins.

Les divers éléments que je viens de citer se retrouvent dans le sable de la plage : on y trouve en outre une quantité considérable de Magnétite ou Fer oxydulé qui y forme des traînées noires à mesure que le sable est lavé par la vague.

Une promenade à la Lagune, au sud de Valparaiso, en passant par le *Cerro alegre*, qui domine la ville, m'a fait voir quelques nouvelles plantes intéressantes. Une Onagraire avait des feuilles tellement semblables à celles d'un Pissenlit que je l'aurais prise pour quelque très proche parente de cette plante, si elle n'avait été en pleine floraison. Un Fuchsia à feuilles serrées est couvert de petites fleurs dressées. Diverses plantes grasses surgissent des fissures des rochers qui dominent la mer. La plus jolie plante est un *Alstræmeria*, dont les fleurs blanches marquées de carrés rouges se dégagent d'une collerette de feuilles tordues en hélice. L'ensemble de la végétation a d'ailleurs le caractère buissonnant dont j'ai parlé ailleurs, avec ses *Colletia* aux longues épines, ses *Chusquea*, des Myrtacées, une Rhamnée qui n'est qu'épines, une grande Astéroïdée à fleurs dorées. Dans le sable de la plage pousse un *Ephedra* dont les habitants mangent les écailles charnues qui entourent la graine. Ces semblants de fruits sont plus petits qu'une petite groseille rouge.

Des pauvres gens ramassent dans la mer, sur les rochers à fleur d'eau, des Algues floridées dont ils font leur nourriture. Une grande Algue fucacée forme des touffes de lanières cylindriques se réunissant à la base en lames plates. L'ensemble a plusieurs mètres de long. L'empâtement par lequel elle est fixée au rocher est creusé de petites cavernes qui servent d'habitation à des Crustacés brachyures.

Sur la plage, je recueille les *Concholepas peruvianus*, genre de Gastéropodes spéciaux à cette côte, les *Trochus ater* et *Turbo propinquus*, tous les deux de couleur violette sombre.

Dans l'après-midi du jour où nous avons quitté Valparaiso, nous relâchons à Coquimbo pour prendre comme passagers un ingénieur américain qui rentre avec sa famille aux États-Unis. La sécheresse du climat accentue ses effets le long de la côte à mesure qu'on s'élève vers le Nord, pour les révéler dans toute leur nudité dans le désert d'Atacama. Ici déjà ils sont désolants. pas la moindre broussaille sur les rochers anguleux. La petite ville est bâtie sur une plage sableuse soulevée au-dessus de son ancien niveau. Au sable sont associés des petits lits d'un travertin qu'on utilise pour faire de la chaux ; il y a aussi quelques amas de coquilles. Les rochers qui dominent cette plage sont du Porphyre. La pâte de cette roche est grise, les cristaux blancs et striés ; on n'y voit pas de Quartz. A peu de distance de la ville, j'ai pu jeter un coup d'œil rapide sur l'importante usine de Guayacan, dirigée par un ingénieur anglais. Le minerai de cuivre qui vient de divers points et qui consiste en minerais sulfurés (Chalcopyrite, Phillipsite) et minerais oxydés (Malachite, Chrysocole), avec gangue de Quartz et de Barytine, est traité dans des fours à réverbère. On utilise dans cette industrie les Lignites du sud du

Chili, Lota, Lébou, Coronel. Outre un nombre énorme de lingots de Cuivre, l'usine produit de l'Argent, car tous ces minerais sont *plateados*, c'est à dire argentifères.

LIMA.

Un des plus beaux spectacles de notre voyage est celui qui s'est montré à nous au moment de notre arrivée au Caillao. Le soleil s'abaissait vers l'horizon ; du côté opposé, les neiges des Andes brillaient dans le lointain au-dessous des montagnes de la côte, des traînées de nuages se déployaient dans tout le ciel, en un éventail or et feu. La terre était à droite ; à gauche, nous cotoyons les sombres écueils qui accompagnent l'île San-Lorenzo. L'un d'eux forme un pont naturel à travers lequel le regard rasait la mer jusqu'à l'horizon. Le courant qui passait dessous étalait l'écume des vagues déferlantes en une traînée blanche qui suivait le rivage à distance. Des nuées de ces oiseaux de mer qui produisent le guano voltigeaient autour de ces îlots. Quelques instants plus tard, la passe redoutée du Boqueron, entre San-Lorenzo et la terre ferme, était franchie et nous nous trouvions dans la rade du Caillao[1]. Au-delà du Caillao, avec ses forts de boue et de galets, nous apercevions les clochers carrés et blanchis de Lima, la *ciudad de los reyes*, puis la haute montagne. Lima paraît sur le même niveau que le Caillao : il est en réalité une centaine de mètres plus haut ; mais la plaine qui les sépare est très unie, et la pente se répartissant sur une douzaine de kilomètres est absolument insensible.

Deux lignes de chemins de fer relient le Caillao à Lima : leurs départs alternent, de sorte que toutes les demi-heures il y en a un. La ligne anglaise traverse la plaine en se tenant bien au sud de la rivière du Rimac. De Lima, elle envoie un embranche-

---

[1] J'écris Caillao en français parce que l'orthographe espagnole Callao représente la même prononciation.

ment sur Chorillos, petite ville au bord de la mer, qui est le rendez-vous de la société élégante de Lima pendant la saison des bains, vers le mois de février. L'autre ligne, le *ferrocaril transadino*, suit le Rimac, et au-delà de Lima elle s'enfonce hardiment dans la Sierra, qu'elle gravit en suivant toujours la gorge étroite et raide de la rivière. Un train spécial nous a conduits jusqu'au dernier point actuellement accessible, la station de Chicla, à 3,725 mètres d'altitude. La voie passera encore plus haut, car le tunnel *en la cima* sera à 4,769 (40 mètres plus bas seulement que le sommet du Mont-Blanc d'Europe), sous le mont Miggs, qui s'élève à 5,357 mètres. Les 139 kilom. que nous avons faits en chemin de fer, du Caillao à Chicla, sont bien une des excursions les plus curieuses qu'on puisse exécuter. La voie fait des détours pour racheter la pente excessive du terrain ; mais l'espace lui manque même pour se développer en courbes : on a dû établir des points de rebroussement avec des aiguilles, de façon que le train, d'abord tiré par la machine, revient sur ses pas poussé par elle, pour reprendre, après un deuxième rebroussement, sa marche en avant d'une manière définitive. Dans ces zigzags destinés à gravir la pente, on voit quelquefois deux bouches de tunnels superposées. Ailleurs la voie, entre deux tunnels, ne reparaît un moment au jour que pour franchir un précipice sur un pont de fer forgé, dont la légèreté donne le frisson. Un de ces sites a reçu le nom expressif d'*Infernillo*.

Dans la plaine, outre les cultures potagères des environs de Lima, nous traversons des plantations de canne à sucre ; ces cultures ne sont possibles que grâce aux canaux dérivés du Rimac, à cause de l'extrême sécheresse du pays. Çà et là, je reconnais quelques végétaux vus ailleurs : la Canne de Provence formant des haies, un Camara à fleurs jaunes, le *Datura fastuosa*. Le *Schinus molle*, indigène, attire l'œil dans tout le fond de la vallée par ses jolies grappes rouges pendantes, jusque vers 2,300 mètres d'altitude, entre Surco et Matucana. La montagne n'est formée que de rochers grisâtres et nus. Des Cierges variés, des Fourcroya, des Euphorbes à bractées rouges, toutes plantes grasses, c'est-à-dire à surface évaporante restreinte, à épiderme protecteur épais, se dressent raides et clairsemées entre les pierres. Lorsqu'on y regarde de plus près, on voit une certaine quantité de petites Broméliacées dont les racines s'appliquent étroitement sur les cailloux eux-mêmes, et dont les feuilles, glauques, raides et étroites, leur permettent de résister à l'aridité du pays. Les Fourcroya m'ont paru s'arrêter à la hauteur de 1,500 mètres vers San-Bartolomé. Les Cierges ne vont guère au-dessus. Une espèce de Lupin pousse à Chicla, comme sa congénère d'Europe, dans un sol siliceux. Un peu plus bas, s'épanouit la magnifique Fleur de passion rouge (*Taxonia coccinea*).

Vers 3,000 mètres d'altitude, des Graminées qui aujourd'hui jaunissent la montagne de leurs chaumes desséchés, attestent l'existence d'une saison pluvieuse pendant laquelle elles se sont développées. D'ailleurs, sur le flanc de la montagne, des rubans de verdure qui dessinent le cours des ruisseaux montrent que l'eau est le seul élément de fécondité qui manque à ces lieux. On s'étonne de rencontrer quelques villages sur un sol aussi pauvre ; le pays n'est pas bien sain, les cas de fièvre intermittente n'y sont pas rares. Nous voyons des gradins sur les flancs de la montagne ; on dit que la terre, retenue par les murs à pierres sèches, était arrosée par des canaux dérivés du torrent et cultivée par les Indiens avant la conquête espagnole. Aujourd'hui, cela est abandonné.

En arrivant à Chicla, à 3 h. 20 m. s., nous ne disposons que d'un quart d'heure de halte. J'emploie ce temps à faire une petite promenade à pied qui me donne l'occasion de sentir légèrement le mal des montagnes : respiration rapide accompagnée d'angine, un peu de céphalalgie, yeux injectés, tendance au sommeil. C'est que depuis sept heures du matin notre ascension de 3,725 mètres a réduit la pression de 761^{mm}, que nous avions au bord de l'Océan, à 510^{mm}, que je constate à Chicla.

La température de l'air a passé pendant ce temps par des phases assez diverses. Je noterai seulement que de 18°,8 au

Caillao, elle a d'abord baissé, à mesure que nous nous sommes élevés ; puis, vers 1 h. 1/2 s., elle a passé par un maximum causé par l'élévation du soleil sur l'horizon et a atteint 24°,5. Après cela, elle a rapidement baissé par la prédominance de l'effet dû à l'altitude, de façon qu'à Chicla elle est de 11°,6. Dans la soirée, nous sommes rendus à Lima et au Caillao.

Il y a bien quelques lavages d'or dans la vallée, mais on se tromperait si on croyait qu'on a fait pour ces exploitations ce chemin de fer extraordinaire. C'est encore moins pour recueillir des produits agricoles à peu près nuls dans ce désert montagneux. Le revers oriental des Andes est très-fertile et le chemin de fer doit franchir la *cordillera occidental* pour descendre à Oroya, à 712 mètres, puis la *cordillera oriental* pour pénétrer dans la vallée du Chanchamayo, un affluent de l'Ucayali. Un embranchement se détachera à Oroya pour aboutir aux fameuses mines d'argent du Cerro de Pasco. Les vallées du pied oriental des Andes sont très-fertiles. Il y a là à exploiter les produits des forêts, parmi lesquels les Quinquinas (1,500 à 2,500 mètres d'altitude), et, à mesure que se fera le défrichement, des produits agricoles précieux, tels que Coton, Cacao, Café, Tabac, Canne à sucre, Coca. La Canne mûrit en sept à huit mois et donne indéfiniment des rejetons bons à couper; le riz mûrit en cinq à six mois, le maïs en quatre ou cinq mois, et donne 1,200 à 1,400 pour 1. Le chemin de fer amènerait tous ces produits aux ports du Pacifique, soit pour l'exportation, soit pour la consommation locale. On espère même que les produits d'Europe, au lieu de faire le tour par le cap Horn, pourront débarquer au Brésil, remonter l'Amazone et ses affluents, et traverser les Andes par le chemin de fer, pour l'approvisionnement de Lima et des autres villes. L'utilité sera-t-elle la même lorsque Panama sera percé? Pour le moment, cette œuvre grandiose n'a fait qu'épuiser les finances du Pérou, car tout le pays traversé est improductif. Dans l'avenir, elle sera une source de richesse et de mouvement très-considérable, même en laissant de côté le rôle hypothétique du chemin de fer comme intermédiaire avec la côte de l'Atlantique, et par là avec l'Europe.

Le contraste est complet entre la partie du Pérou qui regarde le Pacifique et celle qui dépend du haut bassin de l'Amazone. Les alizés venus de l'Atlantique versent sur tout ce bassin des pluies abondantes, ils condensent sur les sommités des Andes leurs dernières traces d'humidité, et lorsqu'ils passent, bien haut, au-dessus de la côte du Pérou, ils n'ont pas une goutte d'eau à y laisser. Les vents dominants sur le littoral sont nord et sud; ils marchent parallèlement à la côte et ne rencontrent pas de montagnes qui provoquent la précipitation de la pluie. D'ailleurs, leur humidité se déposerait plutôt sur la mer, parce que son eau est refroidie par le courant polaire de Humboldt. Celui-ci rase la côte entre Coquimbo (30° lat. S.) et le cap Blanco, par 4°, à l'entrée du golfe de Guayaquil. D'ailleurs le vent du sud, qui est plus fréquent que celui du nord, passant d'une région plus froide dans une chaude, n'a rien à céder. Pendant l'hiver, la terre perdant cet excès de température qu'elle avait sur la mer, il se fait sur elle une condensation aqueuse qui va rarement au-delà d'un brouillard intense (*garua*) sur la côte, mais qui devient une véritable *pluie d'hiver* à certaines altitudes dans la Sierra (400 à 1,200 mètres). Pendant l'été, les vapeurs sont plus abondantes : comme nous l'avons dit, elles ne se condensent pas dans la partie basse, qui est trop chaude, mais dans le haut de la Sierra et sur les hauts plateaux (*puna*) intermédiaires aux deux Cordillères, elles donnent des *pluies d'été*. L'agriculture n'est possible sur la côte que grâce aux canaux dérivés des fleuves. Il faut ajouter aussi que le climat est modifié localement par l'influence des vallées et des rivières, et que dans ces parties la sécheresse est moins grande que dans les points intermédiaires du littoral : les pluies d'hiver y descendent plus bas.

Ainsi, la richesse du revers oriental des Andes contraste totalement avec la stérilité du revers occidental. Aussi les Péruviens sont-ils vivement préoccupés de la colonisation de cette partie orientale de leur territoire, spécialement dans la vallée de Chanchamayo. Malheureusement ce ne sont pas, comme il le faudrait, les agriculteurs qui dominent parmi les émigrants qui viennent s'établir dans ces colonies. Il y aurait lieu aussi, d'après ce que j'ai entendu dire, de souhaiter plus d'intégrité et de désintéressement dans l'administration des colonies.

En plusieurs points, entre 2,000 et 3,000 mètres, la vallée du Rimac paraît avoir été barrée par des amas de cailloux et de blocs accumulés sans ordre. La rivière se serait ensuite frayé un passage à travers ces barrages qu'elle a coupés à pic sur des épaisseurs de 50 mètres. Leur face supérieure est sensiblement plane et faiblement inclinée vers l'aval. Ils me font penser à des moraines de glacier, mais c'est en vain que j'y recherche des cailloux rayés. M. Raimondi a signalé des traces de glaciers plus étendus que les actuels, à Yungay, dans le département d'Anchachs, vers la même altitude qu'ici.

Les échantillons de roches que j'ai recueillis dans cette ascension de la Cordillère montrent l'existence, dans cette région, de roches éruptives abondantes, dont un caractère général et très apparent est d'être dépourvues de Quartz libre. Elles sont formées d'un Feldspath triclinique dont les clivages présentent des stries caractéristiques d'Amphibole brune ou d'Hypersthène, de Mica brun, avec des grains de Magnétite : le sable de la plage du Caillao présente en abondance des traînées noires de cette Magnétite. Les mêmes roches se trouvent à l'embouchure du Rimac, roulées par le fleuve. A côté de ces roches, à structure granitoïde, il y en a dont les éléments sont tout à fait indiscernables et qui revêtent l'aspect d'eurites, d'un rouge violacé ou vertes. Sur certains points nous avons visiblement affaire à des roches stratifiées plus ou moins schisteuses. Ces roches paraissent être des brèches formées, au moins en partie, aux dépens de roches porphyroïdes préexistantes. Il paraît y avoir là une grande analogie avec Quillota.

La colline qui domine les marais, au nord du Caillao, est formée de couches très peu inclinées d'une roche d'un vert sale, feldspathique, qui paraît avoir une origine semblable. L'île San-Lorenzo, en face, est formée de la même roche ; on y a trouvé des fossiles de l'époque secondaire. J'ai vu chez M. Raimondi, à Lima, dans un Calcaire qu'il a rapporté de la Cordillère, des Ammonites très voisines de certaines espèces qu'on trouve en Europe dans le Jurassique moyen.

La Cordillière orientale n'est pas constituée de la même manière. Elle est formée de roches plus anciennes, Schistes et Granites. Ne sont-ce pas les mêmes Granites qui, se continuant en une bande longitudinale du Nord au Sud jusqu'au détroit de Magellan, vont former la partie moyenne et occidentale du détroit, accompagnés par les schistes sur leur face orientale ?

La richesse minière du Pérou est proverbiale. Elle est due aux filons qui traversent les roches jurassiques et crétacées de la Cordillère occidentale. Les minerais que j'ai vus ne sont généralement pas cristallisés, leur composition est très complexe ; il est difficile de les rapporter à des espèces minérales bien définies. Les minerais métalliques ne sont d'ailleurs pas la seule richesse minérale de la Cordillère occidentale : le charbon de pierre, le sel gemme, les eaux minérales, s'y rencontrent en assez grande quantité. Dans la Cordillère orientale, les minerais d'argent se font rares et c'est l'or qui prédomine. Sur la côte, d'après Raimondi, les roches cristallines, Granites et Syénites, sont communes, et l'éruption des roches dioritiques qu'on y trouve est arrivée quand le terrain était recouvert par la mer. Cela donne à croire qu'il s'est effectué des réactions entre les minerais des filons et les éléments de l'eau de mer : ce serait là l'origine de l'oxychlorure de cuivre (Atacamite), qu'on rencontre presque tout le long de la côte; du chlorure, de l'iodure, du bromure d'argent; du chlorure double de sodium et d'argent (Huantajayite). Le cuivre et l'argent sont les métaux de cette région. A Iquique, les filons argentifères traversent le terrain secondaire à *Gryphæa Darwini*,

Posidonomya, Terebratula. La côte fournit des terres salines dont on peut extraire de l'azotate de potasse. En outre, des immenses dépôts de la province de Tarapaca on exporte annuellement plus de quatre millions de quintaux d'azotate de soude, de borate de chaux, de soude et d'iode. Enfin je rappelle que c'est aussi la côte qui fournit le Guano, principale source de revenu du Pérou. Le gisement et le mode d'extraction du Guano me le font mentionner à côté des substances minérales, bien qu'il appartienne au règne animal par son origine, comme le prouvent les corps momifiés d'oiseaux et les œufs qu'on y rencontre.

Lorsque j'ai passé à Lima pour la seconde fois, la question des nitrates et du Guano, qui devait amener un peu plus tard la guerre du Pérou et de la Bolivie contre le Chili, préoccupait déjà vivement les esprits. L'exportation du Guano a diminué depuis que s'est développé l'usage des engrais artificiels dans la composition desquels entrent les nitrates. On parlait d'établir un monopole sur le salpêtre, de manière à restreindre la fabrication des engrais à base d'azotate. Je demandai si la Bolivie n'en profiterait pas pour écouler ses nitrates, au préjudice de ceux du Pérou. On me répondit que la Bolivie exploitait dans des conditions plus difficiles, ce qui permettrait au Pérou de soutenir la concurrence en continuant à bénéficier de la différence entre les prix de revient du salpêtre dans les deux pays.

Les mines du Pérou donnent des produits moins abondants qu'autrefois : les parties les plus riches des filons sont épuisées, on descend à des profondeurs où l'assèchement est plus difficile. Des perfectionnements dans les moyens d'extraction deviennent nécessaires. Une École des Mines s'organise à Lima : deux Français, MM. Delsol et Duchatenay, anciens élèves de l'École des Mines de Paris, y ont été appelés comme ingénieurs de l'État et professeurs à l'Université San-Carlos.

J'ai cité plus haut le nom de M. Raimondi ; c'est l'homme qui connaît le mieux le Pérou au point de vue de l'histoire naturelle. Grâce à lui, on possédera bientôt une importante description physique du Pérou. Quelques parties de ce vaste monument sont déjà élevées. L'auteur, à la fois topographe, météorologiste, géologue et minéralogiste, botaniste, en a recueilli les éléments dans des voyages ininterrompus depuis 1851, date de son arrivée au Pérou. Il fait le récit attachant de ceux-ci dans un volume préliminaire où il donne en même temps quelques résultats généraux. Un second volume est l'histoire de la géographie du pays. Dans le catalogue des minéraux du Pérou envoyés à l'Exposition de Paris 1878, il en fait connaître les richesses minérales; c'est le résultat de ses récoltes d'échantillons et de ses nombreuses analyses. Enfin, le quatrième des volumes que j'ai entre les mains est la description du département d'Anchachs. Espérons que les autres départements suivront bientôt. Les instants que j'ai passés à Lima à causer avec cet homme savant et aimable, m'ont paru bien courts.

L'aspect du Caillao et de Lima est tout différent par l'architecture et la population de celui de Valparaiso. Celle-ci ressemble assez à une ville de France, tandis que les deux cités péruviennes ont, à première vue, un cachet espagnol très accentué par les balcons couverts qui s'avancent sur la rue. Les maisons sont très basses, comme à Valparaiso; mais ici elles sont couvertes en terrasses, ce qui est une conséquence de la rareté excessive des pluies. Les façades sont peintes de couleurs claires variées, qui, avec les toits gris, donnent à Lima l'aspect d'une mosaïque, lorsqu'on la regarde du haut de la colline située sur la rive droite du Rimac.

A cause des tremblements de terre, on bâtit légèrement, avec des clayonnages et de la terre, et on ne donne aux maisons qu'un premier étage. Toutes les maisons sont précédées par un *patio* ou cour, au-delà de laquelle le regard plonge par les grandes portes vitrées, dans un salon meublé avec recherche, la principale pièce de la maison. On a accès dans la cour par une sorte de porche dont les murs sont couverts de peintures représentant des sujets bibliques ou des scènes historiques diverses. La ville est parcourue de grandes rues se coupant toutes à angle droit et circonscrivant de grandes *quadras* parfaitement régulières. Un grand nombre d'églises est disséminé dans la ville. Leurs clochers bas et massifs, blanchis à la chaux, ne peuvent guère servir de point de repère dans ce dédale de rues uniformes, car ils sont à peu près pareils. L'ornementation intérieure de ces églises est d'assez mauvais goût; les statues y sont vêtues de vraies étoffes chargées de broderies d'or et d'argent, et coiffées d'une perruque de vrais cheveux. Plusieurs de ces églises étaient autrefois très riches, mais dans des temps difficiles on a versé l'or et l'argent dans les caisses publiques et on les a remplacés par des ornements en cuivre.

A Valparaiso, la population est à peu près toute d'origine européenne, sauf un mélange plus ou moins apparent de sang indien. Dans les deux villes du Pérou, les *Cholos,* métis de blanc et d'indien, sont très abondants; les *Zambos,* métis de nègre et d'indien, les mulâtres, les nègres, s'y rencontrent aussi. Les Chinois, très nombreux à Lima, aux abords de la halle, donnent à cette population un caractère que nous n'avions pas rencontré dans les villes précédentes. La plupart sont venus pour travailler dans les champs, et à l'expiration de leur engagement ils se sont faits marchands ou ont établi des restaurants d'ordre inférieur. Ce sont eux aussi qui, entre minuit et six heures du matin, balayent les rues poudreuses de la ville. Les Indiens de race pure sont rares à Lima, mais nous en avons vu plusieurs dans les villages de la Cordillère que nous avons traversés en chemin de fer. On reconnaît dans leurs grands nez busqués le type figuré par les vieilles poteries (*huacas*) et statuettes péruviennes. Si les Chinois sont affreusement laids, l'œil de l'observateur trouve une fort gracieuse compensation chez les Liméniennes, de race espagnole soi-disant pure, mais, m'assure-t-on, assez souvent croisée par la race cuivrée. Qui pourrait compter les beaux yeux et quel poète saurait décrire les formes suaves des jeunes Liméniennes

assistant du haut de leurs balcons vitrés au retour de la promenade du dimanche au Jardin de l'Exposition ? Il est fâcheux que
l'embonpoint empâte prématurément ces charmants contours.

Le Jardin de l'Exposition tire son nom d'une exposition qui y
fut faite il y a quelques années. Ce n'est actuellement qu'une promenade ombragée et fleurie, fort bien entretenue. Quelques cages
y renferment des animaux de provenances diverses. Il y a aussi
un Jardin botanique que j'ai eu le plaisir de visiter sous la con-
duite de son directeur, M. Donkelaar, un Belge. Celui-ci s'occupe
de compléter la collection systématique des plantes destinées à
l'étude. Mais le jardin vend aussi des plantes et des bouquets :
cela diminue les charges de la ville et une partie du produit de
la vente appartient au directeur. Lima aime les fleurs et en cultive de fort belles. Le jour des Morts, lors de notre premier passage, j'ai fait la promenade du cimetière, du Panthéon, comme
l'appellent pompeusement les habitants. Il y a quelques mauso-
lées, mais pour la plupart des corps on creuse des niches dans
d'épaisses murailles élevées exprès dans le champ du repos. Le
reste du terrain est coupé par des allées et couvert de massifs de
fleurs. C'est là que j'ai vu les roses les plus belles par leur grandeur et la richesse de leur coloris. D'ailleurs, la foule qui circulait
au milieu de ces fleurs n'avait rien de lugubre. Çà et là quelques
prêtres debout sous un arbre récitaient des prières pour les morts
et recevaient, séance tenante, l'offrande de ceux qui avaient re-
quis leur ministère. A la porte du Panthéon, des marchands
ambulants vendaient de la *chicha* (boisson douce et alcoolique
faite avec le maïs), des *pignas* (ananas) et un mélange de *cama-*
ron (grosse crevette), d'oignon, de piment, qu'on mange avec
des tartines de pain.

Au marché, j'ai retrouvé toutes les fleurs communément cultivées dans nos jardins et nos orangeries : Lis, Tubéreuses,
Glayeuls, Amaryllis, Genêts, Pois de senteur, Œillets, Pieds
d'alouettes, Roses, Cinéraires, Coréopsis, Soucis. Tous les fruits
et légumes des pays tropicaux s'y confondent avec ceux de la

zone tempérée. A Valparaiso, ceux-ci seuls sont représentés. La profession de jardinier est exercée ici par des Français, des Suisses et des Italiens. Les végétaux des tropiques sont cultivés autour de Lima, mais sous ce rapport la ville reçoit un bon appoint par la voie de mer, notamment de Guayaquil, d'où viennent aussi les chapeaux dits de Panama. Ces chapeaux sont la coiffure ordinaire des femmes Cholas : elles laissent pendre par-dessous deux longues tresses de cheveux noirs.

Le sud du Pérou renferme des vignobles dont les produits sont assez bons. Les gens du pays ont malheureusement la prétention de les faire ressembler, par les manipulations qu'ils leur font subir, aux vins du Bordelais ou à d'autres crus européens. L'eau-de-vie de Pisco et celle dite Italia sont d'excellente qualité.

L'istoire naturelle du pays, l'aspect général de la ville, ont été pour moi pleins d'intérêt. Un plaisir d'un autre genre m'était réservé. Comment se douter, à moins d'être un érudit dans l'histoire des arts, qu'à quelques milliers de lieues de l'Europe on trouvera une merveilleuse collection de tableaux ? Il existe à Lima un vaste musée dont l'heureux propriétaire est le marquis de Zevallos. Lorsque le Pérou était possession espagnole, quelques grandes familles apportèrent avec elles des tableaux de valeur et même appelèrent parfois dans le pays des artistes célèbres qui y exécutèrent des peintures dignes de leur renom. L'école espagnole est naturellement la mieux représentée. Je cite quelques noms et quelques sujets qui me sont restés dans la mémoire, de mes deux visites dans les galeries de Zevallos. *Le Dominiquin* : Mort de saint François ; Communion de saint Jérôme. Ce dernier tableau n'est pas une copie, mais bien une reproduction de celui qui est au Louvre ; l'exemplaire de Lima serait même, selon son possesseur, supérieur à celui de Paris. *Alonzo-Cano* : Adoration des Mages ; *Velasquez* : Tobie et l'Ange ; des portraits équestres en grandeur naturelle ; les Bohémiens. Dans ce dernier tableau, plein de vie, le regard d'une femme parait nous suivre à mesure que nous tournons autour du tableau *Murillo* : Saint-Jean tenant l'enfant Jésus. Laban donnant pour épouse, à Jacob, Lia au lieu de Rébecca. *Ruysdaël* : paysages. *Salvator Rosa* : batailles. *Gaspard Poussin*, *Titien*, *Tintoret*, *Véronèse*, *Rembrandt*, *Rubens*. Une Vierge de *Raphaël*.

La plaine du Caillao et de Lima s'étend vers le Sud jusqu'à Chorillos, petite ville sur le bord de la mer, adossée à un mamelon rocheux qui forme un cap. C'est à Chorillos qu'en janvier. et février les habitants de Lima vont s'installer pour prendre les bains de mer. Le rocher de Chorillos est formé de schistes gréseux traversés par des filons d'une roche noire éruptive. Au pied de ce cap j'ai pêché des Étoiles de mer, des Oursins, des Hippes, ces curieux crustacés dont la partie terminale du corps, rabattue sous le thorax, finit en une lame tranchante et pointue grâce à laquelle ils s'enfoncent avec une surprenante agilité dans le sable mouvant où déferle la vague.

Sur le rocher de Chorillos s'appuient des couches horizontales de cailloux roulés, d'argiles rouges, de sables, qui de là s'étendent dans la plaine. Ce dépôt, rongé à sa base par la mer, lui présente à Chorillos une falaise de 40 à 50 mètres qui s'abaisse graduellement en allant vers le Caillao. Toute cette masse de terrains paraît être un ancien delta du Rimac. Quand la côte a été soulevée, le fleuve s'est creusé son lit actuel à travers les poudingues et les argiles du delta. Mais il a laissé, dans une époque intermédiaire, un dépôt qui s'étend à quelque distance au sud du Caillao et qu'on voit très bien dans la petite falaise de ce quartier. C'est une terre grise, avec une couche tourbeuse ondulée, qui repose dans la cuvette creusée dans la formation horizontale précitée. Le bord de cette cuvette coupe en biseau les couches horizontales, tandis que la couche tourbeuse se plaque sur ce talus légèrement incliné et en suit la pente. Ces alluvions anciennes du Rimac contiennent de petites coquilles d'eau douce (Planorbes, Bithynies, Lymnées), des poteries, et à la partie supérieure un certain lit contient en même temps quelques coquilles de Gastéropodes marins. L'ensemble se montre donc comme un dépôt d'embouchure troublé par des empiètements de la mer sur le domaine du fleuve, dans une époque où l'homme vivait déjà sur cette côte.

PANAMA.

Nous voici en face de Panama (14 novembre 1878). Autant les pluies sont rares à Lima, autant elles sont fréquentes à Panama. Passant d'un pays à un autre sans intermédiaire, j'ai été très frappé du contraste. Là-bas le désert, les rochers nus, de rares végétaux avec des feuilles raides, étroites, d'un vert douteux. Ici une vie surabondante, tout le sol couvert par une végétation enchevêtrée, aux larges feuilles molles et d'un vert éclatant. Les plantes envahissent la ville elle-même, les toits sont des prairies et une petite forêt s'accroche aux corniches de la cathédrale. Les ruines les plus récentes disparaissent sous le feuillage, et les briques, désagrégées par les influences atmosphériques, plus actives ici que partout ailleurs, font penser à quelques monuments romains de l'Europe. La manière de construire, elle-même, annonce un climat différent. Les terrasses de Lima sont remplacées ici par des toits pointus en tuiles. Les cabanes des nègres et des mulâtres ont des toits très inclinés, faits avec les grandes frondes coriaces d'une Fougère qui croît dans les marais environnants.

Notre séjour à Panama a coïncidé avec la fin de la saison des pluies. Elles viennent par les vents de S. à S.-O. Les ouragans arrivent de la région S. à S.-E. De décembre à mai, les vents amènent des nuits fraîches, l'air est plus sec, et les pluies sont rares.

Au-devant de cette petite ville, bâtie sur un promontoire et presque enfouie sous la verdure, s'avancent quelques roches qui découvrent à marée basse. Des restes de bastions forment une ceinture du côté de la mer. Dans la ville, les ruines de plusieurs maisons détruites par des incendies frappent d'abord le regard. On prétend que les propriétaires ont mis peu d'empressement à éteindre le feu parce qu'ils étaient assurés pour de fortes sommes. Aussi les Compagnies ne se chargent plus d'assurer les maisons de Panama. Quelques rues sont pavées, celles qui sont excentriques sont sales et boueuses.

La population est formée en grande partie de Zambos et de Cholos, avec quelques mulâtres, nègres, Européens, et de très rares Chinois. Les plus travailleurs sont les mulâtres et nègres venus de la Jamaïque. La population se tient assez propre. La couleur sombre des épaules des négresses fait ressortir la blancheur de leurs chemises ornées de dentelles.

Par le fait du suffrage universel, le pouvoir est aux mains des gens de couleur. Pendant mon séjour à Panama, j'ai eu l'honneur d'assister à la fête anniversaire de l'Indépendance : dans un grand salon de la *casa del gobierno*, résidence du Président, nous avons entendu une longue série de discours célébrant à l'envi la fermeté et le courage de ceux qui, en 1826, ont conquis la liberté de l'*État souverain* de Panama. Une parade d'environ deux cents hommes d'infanterie a lieu ensuite sur la place. Pour cette fête, les soldats sont assez proprement vêtus, contrairement à leur habitude. Quelques feux de peloton sont le bouquet de cette solennité.

L'importance de Panama est toute due à sa situation sur l'isthme. Les navires mouillent en rade, loin de la ville. Il n'y a qu'un petit débarcadère où les canots peuvent accoster seulement à la pleine mer. Dans les autres cas, il faut se transborder dans les petits embarcations plates du pays ou se faire porter à dos d'homme pour poser les pieds au sec. Pour le transbordement des marchandises au chemin de fer, les waggons s'avancent assez loin de la plage sur un débarcadère suspendu. Les allèges qui les chargent ou déchargent pénètrent par dessous.

Panama est relativement sain. On y voit des individus atteints de fièvres intermittentes, mais la fièvre jaune n'y sévit pas. Sur le bord de l'Atlantique, à Colon, la fièvre jaune fait des apparitions assez fréquentes, sans que la fièvre intermittente y soit moins fréquente qu'à Panama, — au contraire.

Pour l'agriculture, Colon est mieux partagé que Panama : les Bananes et les Ananas qu'on voit sur le marché de Panama viennent de Colon. On n'a jamais vu tomber de grêle à Panama, mais les pluies sont quelquefois assez violentes pour hacher les feuilles tendres des plantes potagères européennes qu'on tente de cultiver dans les jardins.

Les Fourmis font des ravages encore plus grands. Un habitant me montrait un jour un gros rosier qui, dans une seule nuit, avait été totalement dépouillé de ses feuilles. J'ai vu plusieurs fois ces dangereux maraudeurs, en longues files dans de petits sentiers ouverts par eux au travers des herbes d'une prairie, portant chacun entre leurs mandibules et élevant au-dessus de leur tête comme un grand drapeau vert qu'elles ont découpé dans une feuille. Une espèce rousse court en grand nombre, avec l'abdomen replié sous le thorax, sur un Acacia et se loge dans les épines creuses qui représentent les stipules de la feuille. De là, elles tombent sur le malheureux promeneur qui frôle leur arbre, et le percent de leur aiguillon d'une façon d'autant plus cuisante que l'acide formique qu'elles insinuent dans la plaie est très abondant ; on en sent nettement l'odeur. Sur d'autres arbres, vivent des colonies de Termites qui se construisent, avec des débris végétaux, des demeures ayant quelque analogie avec l'enveloppe extérieure des nids de Guêpes. Au bout de deux heures, un de ces nids, que j'avais entamé, est complètement réparé. D'autres, dans les pelouses sèches, élèvent de grands monticules de terre.

Çà et là, je rencontre quelques arbres fruitiers tropicaux, des bouquets de Cocotiers, quelques Papayers. Le suc de cet arbuste passe pour vésicant. On sait les curieuses propriétés digestives qui lui ont été découvertes dans ces derniers temps. L'exploitation des Quinquinas s'étend jusque dans l'État de Cauca, contigu à celui de Panama. Cet État fournit aussi du tabac, du café, de

l'ivoire végétal, du caoutchouc, de l'or (à Barbacoa), des éme-
raudes. L'ivoire végétal ou *tagua* est la graine du Phytelephas,
arbuste qui a donné son nom à une petite famille très voisine de
celle des Palmiers. Le caoutchouc était recueilli par les Indiens;
par suite des brutalités exercées contre eux par les Européens, ils
n'en livrent plus.

Dans une promenade que j'ai faite, avec quelques officiers de
la Junon, de l'autre côté de la baie qui s'ouvre à l'est de Panama,
j'ai rencontré au milieu du fourré quelques pieds d'une vigne sauvage indigène, le *Vitis caribœa*. Les feuilles de cette vigne sont
chargées de galles que leur forme caractéristique me dit immédiatement être des galles de Phylloxera. Dans chacune, en effet,
je reconnais, avec l'aide du microscope, un Phylloxera aptère
entouré des œufs qu'il a pondus ou même des jeunes qui viennent
d'éclore. Il n'y a pas dans le pays de vignes européennes cultivées, qui auraient pu infecter les vignes indigènes. C'est une
nouvelle preuve de l'origine américaine du Phylloxera de la
vigne.

Le sol, autour de Panama, est accidenté, bien qu'il n'y ait pas
de vraies montagnes. Une faible partie du sol est cultivée, les
coteaux sont boisés, quelques parties à peu près planes sont couvertes de prairies sèches où paissent des bœufs. Des Sensitives
poussent en abondance dans ces prairies. Les bas-fonds sont
occupés par des marécages où une grande Fougère à feuilles raides unipinnées, le *Chrysodium cayennense* (Leprieur, Fée), avec
un petit Palmier, des Palétuviers, forment des fourrés. Ce sont
les frondes de cette Fougère qui servent à recouvrir les cases.
Des Auricules et des Cyclostomes se promènent sur la vase. Des
Crabes innombrables, à pinces rouges, fuient devant moi avec
une rapidité désespérante, et se cachent dans des trous profonds
qu'ils se sont creusés dans le sable. Des Potamides rampent sur
le sol humide et sur les racines des Palétuviers, au bord des
ruisseaux d'eau douce qui se rendent à la mer, descendant à peine
au niveau des hautes marées.

Les arbres de la famille des Tiliacées, des Anonacées, des Morées, des Euphorbiacées, des Mélastomacées, des Légumineuses, forment des fourrés épais à l'ombre desquels croissent les Heliconia, les Pipéracées, des Fougères, des Bromelia aux fruits dorés. La Fougère *Lygodium commutatum* grimpe contre le tronc des arbres en même temps que les Aroïdées. Une Légumineuse (*Bauhinia*) à tige plate et gaufrée par des creux et des reliefs qui se correspondent d'une face à l'autre en deux séries régulièrement alternantes, se suspend aux branches comme de solides cordages. De grands papillons bleus se jouent au travers.

Au bord de la plage, des Sapindacées forment une haie naturelle couverte de fleurs blanches. Deux Euphorbiacées, le Sablier (*Hura crepitans*) et le Mancenillier, croissent aussi dans le sable près de la mer. Sur leurs rameaux, de petites Broméliacées épiphytes forment des touffes d'un vert grisâtre, dont les feuilles étroites se contournent de façon à faire ressembler la plante à un pinceau qu'on aurait tordu en hélice. Leurs racines étreignent solidement la branche à laquelle elles les fixent, rampant même sous les écorces mortes ; mais je ne les ai jamais vues pénétrer les tissus vivants et mettre la Broméliacée en communication de sève avec son support. Une autre de la même famille, le *Tillandsia usneoïdes*, pend comme de longs écheveaux de fil flottant au vent. En avant du fourré, se dresse la hampe d'un *Fourcroya*. Les pédoncules floraux, au lieu de porter des fleurs, sont tous surmontés d'un bourgeon composé de trois ou quatre feuilles. Ces bulbilles se détachent très facilement et servent à la propagation de la plante. J'ai observé le même fait sur la plage des environs de Rio de Janeiro. Sur les rochers de la côte, quelques Cierges à tige quadrangulaire se détachent au milieu des plantes feuillues.

Le luxe de la végétation ne doit pas me faire oublier le sol qui la porte. Panama est bâtie sur des couches presque horizontales d'une roche gréseuse blanchâtre, parfois très friable à la surface. A part cela, on ne trouve de tout côté que roches volcaniques compactes et conglomérats volcaniques. Entre Panama et le Vieux Panama, le Conglomérat est traversé par des filons de lave. Sur certains points, le sol est formé par une terre rouge argilo-siliceuse renfermant des jaspes, principalement de couleur verte.

———

Les échantillons de la faune locale que j'ai eu l'occasion de voir ne sont pas nombreux Je citerai, parmi les Mammifères, un petit Édenté au poil soyeux et léger comme du duvet, à mouvements lents. Cet animal nocturne, de la grosseur et presque de la forme d'un Écureuil, est désigné sous le nom de *Tapa-cara* à cause de l'habitude de couvrir et de protéger sa tête avec ses pattes de devant. Des Pélicans gris volent en grand nombre sur la rade et se posent quelquefois sur les rochers qui découvrent à marée basse. Les inévitables Gallinazos cherchent leur nourriture dans les immondices de la ville et les débris de l'abattoir. Parmi les Reptiles, les Iguanes paraissent assez communs. Deux ont été abattus en ma présence à coups de fusil, sur un énorme Algarrobo (*Prosopis dulcis*). La chair de ces inoffensifs lézards à crête, qui se nourrissent d'herbe, est assez estimée ; j'aurais été curieux de la goûter, mais je jugeai plus utile de rapporter le corps pour la dissection, dans un liquide conservateur. Je préparai la peau pour être ultérieurement empaillée, mais à l'état sec elle ne donne qu'une idée imparfaite des jolies couleurs de ces animaux. La tête est gris perle, ceinte d'un collier d'écailles d'un rose très délicat, tandis que le gris et le vert se partagent le reste du corps. Un Crapaud gros comme le fond d'un chapeau, pris dans l'île de Taboga, un Rainette rayée de noir sur fond vert émeraude, représentent parmi mes captures la classe des Batraciens. Pour les Poissons, je ne suis pas fâché de n'avoir pas fait connaissance avec les Requins de la rade, qui s'avancent, paraît-il, fort près du rivage. Il y a quinze jours, trois personnes ont été dévorées par ces voisins dangereux. C'est ce que me raconte un soir le batelier qui me ramène à bord, pendant qu'au milieu de la nuit noire nous cherchons à éviter les roches à fleur d'eau. Est-ce pour faire mieux apprécier ses services ? Ces roches, qui découvrent à marée basse, servent de refuge à une quantité de Mollusques : Porcelaines, Cônes, Troques. Une petite Éponge rouge, rampante, tapisse une partie des rochers. A une plus grande profondeur, vivent les Strombes, les Arches, les Huîtres, qui, rejetés sur les plages sablonneuses, sont utilisés par les habitants pour faire la seule chaux qui existe dans le pays : ces trois genres sont représentés par des coquilles d'un poids énorme. Pour les coquilles terrestres, je n'ai pas été plus favorisé ici qu'au Brésil : deux Glandines sont tout ce que j'ai rencontré.

RETOUR.

Quand *la Junon* est arrivée à Panama, ses passagers ont traversé l'isthme pour s'embarquer à Colon-Aspinwal pour New-York. Ils devaient, selon le programme, visiter les États-Unis aux frais de la Société, puis gagner San-Francisco par le chemin de fer transcontinental. *La Junon* serait allée les y attendre. De là, nous partions pour les îles Fidji et Sandwich, la Nouvelle-Calédonie, l'Australie, le Japon, la Chine, l'Inde, Suez et la France. Le 25 décembre, *la Junon* quittait Panama, après trente-deux jours d'attente, non pour San-Francisco, mais pour le Sud !

La Société des Voyages, privée de ressources sur lesquelles elle comptait pour continuer le voyage, rendait son navire à la Cie Fraissinet, dont un agent présent à bord, M. Andrac, capitaine au long cours, prenait immédiatement le commandement pour la ramener à Marseille, en refaisant en sens inverse le chemin déjà parcouru. Pendant ce temps les passagers, laissés aux États-Unis, se rapatriaient comme ils l'entendaient. Quatre d'entre eux seulement, MM. J. et R. de Latour, E. Bailli, G. Schlesinger, ont continué, à nouveaux frais, le voyage projeté.

La saleté de la carène de *la Junon* retarde notre marche :

au Caillao nous passons deux jours dans le dock flottant pour la faire gratter et repeindre. Nous faisons également escale à Valparaiso, puis nous franchissons à nouveau les Canaux latéraux et le détroit de Magellan, en trois jours (24 janvier 1879 matin.-27 janvier 8 h, soir.) Dans la matinée du 24, par le travers de l'île Wellington, dans le Hâvre Eden, nous apercevons tout à coup un navire au mouillage qui nous salue. C'est le vaisseau de guerre français *la Magicienne*, parti quelques jours auparavant de Valparaiso. Dans cette solitude de l'extrême monde austral, rencontrer ces vaillants représentants de la France et voir hisser par eux nos couleurs nationales, est un spectacle qui ne me laisse pas sans émotion.

Lors de notre premier passage, nous avons vu de petites troupes de Phoques au repos sur les îlots rocheux du détroit. Au retour, nous avons fait une autre rencontre, vers la sortie du détroit : ce sont des Cétacés de grande taille. Plongeant et émergeant tour à tour, ils montrent tantôt le haut de leur tête d'où jaillissent deux colonnes d'eau, tantôt le dessous de leur corps qui est blanc. Le long de l'île Élisabeth, tout à fait à la sortie, c'est une autre apparition: des oiseaux blancs, oies et canards, qui nichent sur cette côte basse, forment un vrai nuage.

Après avoir touché à Montevideo, nous rentrons, le 9 février, à 6 h. du matin, dans la rade de Rio de Janeiro. Nous mouillons à une certaine distance de la ville, en grande rade, à côté de l'île des Rats : c'est plus sain. Les journaux déclarent par jour trois ou quatre cas de décès par la fièvre jaune. C'est une faible mortalité pour cette saison d'été, celle où le fléau sévit le plus sur cette côte. Nous avons su ensuite que ce n'est pas là toute la vérité. On ne permet, en effet, aux journaux d'enregistrer que les cas qui se produisent en ville, non ceux de l'hôpital de la Gamboa. Or, ceux-ci sont de beaucoup les plus nombreux, comprenant les étrangers non acclimatés, qui sont transportés dans les hôpitaux. Aussi les pavillons en berne sur plusieurs navires nous disent-ils d'une façon tristement significative ce que nous avons à redouter.

Le neuvième jour de notre séjour, notre chargement, 900 tonnes de café à destination de Marseille, étant complet, nous pouvions nous croire saufs. Mais nous emportions avec nous la maladie qui devait, pendant trente-deux jours, semer le deuil à bord de *la Junon*. Un premier malade accuse d'abord des symptômes dont il s'était plaint dès le détroit de Magellan, alors qu'il ne pouvait être question de fièvre jaune. Mais bientôt l'illusion devient impossible : le surlendemain matin, l'homme était mort et son cadavre présentait la teinte jaune caractéristique de la terrible maladie, nuancée de taches violettes. Deux autres victimes avaient encore succombé, lorsque mon collègue Humbert, le 28 février au soir, vient me déclarer qu'il ressent des douleurs dans les reins et les jambes et de la pesanteur à l'estomac et à la tête. Je ne puis pas douter : c'est la fièvre jaune. Avec une constitution quelque peu ébranlée par des maladies antérieures, Humbert était surtout affaibli par la fatigue de la navigation et le séjour des pays chauds. Il ne faisait ce voyage de retour qu'à son corps défendant, n'ayant pas obtenu à Panama son rapatriement direct. Depuis quelques jours, il se traînait sans force et ne prenait plus d'aliments. Mes soins furent inutiles sur ce corps sans résistance contre le mal, et le 2 mars au soir j'eus la douleur de voir expirer ce collègue très regretté.

Un des symptômes les plus graves de cette terrible maladie consiste dans les vomissements bruns, presque noirs, qui lui ont valu le nom de *vomito negro*. C'est du sang extravasé à travers les parois de l'estomac. Au microscope, j'ai reconnu des bactéries dans ces matières. Je ne veux pas, sur cette observation isolée, édifier une théorie. Après les admirables travaux de Pasteur, l'analogie porte seulement à croire à la nature infectieuse de cette maladie et à sa production par l'invasion d'êtres organisés dans le sang. On sait d'ailleurs que c'est exclusivement sur la côte qu'elle prend naissance, dans la partie chaude des deux Amériques.

Deux jours après la mort d'Humbert, je me sens pris à mon tour par la fièvre et par tous les symptômes caractéristiques de l'invasion de l'épidémie. Je ne manifeste rien pendant une demi-journée, pour ne pas jeter une nouvelle alarme avant d'avoir acquis une certitude. Mais les symptômes persistent ; il serait imprudent d'attendre davantage, car l'expérience que j'acquiers ici chaque jour me montre qu'il faut agir rapidement. Je me mets au lit et je m'applique énergiquement les mêmes remèdes dont je me suis servi pour les autres (évacuants, bains de vapeur). J'ai, opérant sur ma personne, l'avantage de mieux suivre la marche du mal et les effets des médicaments. D'ailleurs, le capitaine me fait attentivement donner les soins matériels dont j'ai besoin ; les officiers viennent prendre de mes nouvelles et l'abbé Mac, notre cher aumônier, si attentif à nos malades, m'apporte ses encouragements et quelques distractions en causant avec moi. Après avoir passé par les diverses phases de la maladie, j'ai réussi à sortir vivant de ma cabine. J'ai pu m'occuper de nouveau des autres malades. Hélas ! il en manquait encore un à l'appel, et, peu après, deux autres qui sont tombés malades pendant mon absence et que je n'ai pu soigner dès le début, sont morts. Le 22 mars, quelques heures avant d'arriver en rade de Marseille, nous jetons à la mer notre septième et dernier mort : nous étions partis 58 de Rio. Pendant trente-deux jours de traversée, nous avons eu constamment la maladie à bord. A part ceux qui sont morts, plusieurs ont eu la fièvre jaune. Chez les uns, elle a été arrêtée au milieu de son évolution; chez d'autres, on a pu la faire avorter dès le début. Joignons à cela diverses indispositions et nous arriverons à cette conclusion que presque tout le monde a été plus ou moins gravement éprouvé.

Pour être un historien fidèle et ne pas paraître oublier des marques de gratitude dont j'ai été, au contraire, vivement touché, je dois ajouter que mes compagnons de navigation, officiers et gens de l'équipage, ont, avant de se séparer, témoigné leur réconnaissance à leur médecin improvisé en lui offrant un bronze d'art. Sur la proposition du commissaire de la marine, une récompense officielle est venue se joindre, peu de temps après, à cet hommage privé.

Ainsi s'est terminé ce voyage, commencé avec tant de curiosité, d'espérance et de gaîté. Il est regrettable que cette conception heureuse d'un voyage autour du monde n'ait pas rencontré, surtout en France, un plus grand nombre d'adhérents, et que le projet n'ait pas pu être complètement réalisé dès la première fois. Si cette tentative avait réussi, d'autres voyages auraient sans doute suivi le premier.

Espérons que cette idée sera reprise un jour en France !

OBSERVATIONS

SUR

LA MÉTÉOROLOGIE

ET SUR LES

COLORATIONS ACCIDENTELLES DES EAUX DE LA MER

Faites pendant un Voyage autour de l'Amérique du Sud

Par M. COLLOT.

I.

J'ai pris part, en 1878-79, à un voyage organisé par M. Biard, lieutenant de vaisseau, et la *Société des Voyages d'études autour du monde*. J'étais embarqué à bord de *la Junon* pour faire des conférences aux passagers sur l'histoire naturelle des pays que nous visitions. A terre, j'ai cherché à voir et à ramasser le plus possible tout ce qui est du domaine de l'histoire naturelle, et à nouer des relations avec les savants du nouveau Monde. A la mer, j'ai fait des observations météorologiques au moyen d'instruments mis généreusement à notre disposition par M. Janssen, directeur de l'Observatoire de Meudon. Les observations ont été diurnes seulement : elles se faisaient ordinairement à 8 heures du matin, midi, 4 heures et 8 heures du soir. Elles ont été souvent interrompues par diverses circonstances. Telles qu'elles sont, elles pourront encore, je l'espère, faire un faible élément du faisceau dont se déduisent les moyennes et les conclusions générales ; j'ai pensé même que, prises seules et résumées, elles pourraient fournir quelques remarques intéressantes que je présente ci-dessous.

TEMPÉRATURE DE L'AIR.

Le 2 août, on quitte la rade de Marseille avec une température de 21° environ, avec le mistral. Au mouillage de Madère, la température de la journée a été aux environs de 25°. Entre

Madère et Saint-Vincent, la plus haute température constatée a été 28°,1, le 16 août, à 4 heures du soir. Sur la rade de Saint-Vincent, le maximum inscrit est 29°,9 (18 août, 4 heures soir).

De Saint-Vincent à Rio-de-Janeiro, la journée la plus chaude a été le 21 août[1], pour laquelle la moyenne des quatre observations diurnes donne 29°,4. Ce jour est la veille de celui où nous avons eu à midi le soleil le plus près du zénith, puisque cet astre avait, ce jour-là, à midi moyen de Paris, 11°,45′ de déclinaison boréale et que nous étions nous-mêmes par environ 12° latitude Nord[2]. De même, dans notre voyage de retour, les journées du 23 au 25 février sont marquées comme très-chaudes et sans brise, et c'est le 24 que nous avons croisé le soleil dans sa route sur le zodiaque.

Dans le Pacifique, la même loi ne s'est pas vérifiée : le 30 octobre, nous avons eu le soleil le plus près du zénith par 13° latitude Sud, tandis que la chaleur est allée en augmentant jusqu'à Panama. Il est vrai qu'il y a eu le 29 octobre un maximum relatif par rapport aux jours environnants, avec 22°,3 à midi[3]. Ce résultat différent doit être attribué peut-être en partie au voisinage des côtes, qui apporte dans la distribution de la température des perturbations imprévues, mais surtout au courant froid de Humboldt, qui précisément, le long du Pérou, longe la côte. La température de l'air, abaissée par le contact de cette eau venant du pôle Sud, n'a pu atteindre le même degré que lui donnent les rayons verticaux du soleil dans d'autres parages. En approchant de Panama, nous sortions de cette influence, et la chaleur de l'air, malgré l'obliquité du soleil, a pu dépasser en intensité celle du Callao.

Du 22 août jusqu'à Rio, la température a baissé. A midi, sur la rade, le 5 septembre, elle était de 25°,1.

---

[1] Température à midi : 30°,5.

[2] Annuaire du Bureau des longitudes, 1878, pag. 36.

[3] Au retour, nous avons croisé le soleil dans le Pacifique à peu près par 21° latitude Sud, le 11 janvier. La température méridienne de ce jour = 22°,9; la veille, 24°,1; le 9 janvier, 22°.

A Montevideo (17-26 septembre), la température la plus haute de midi, 9°,9, s'est produite par un vent du sud-ouest accompagné d'un peu de pluie et alors que le soleil avait été voilé dans la matinée par les nuages.

De Montevideo à Punta-Arenas, où l'on a relâché, le 3 octobre à 8 heures du soir, la température a baissé constamment. Le matin, à 4 heures, fut observée la plus basse de tout le voyage, 0°,6. A 8 heures, il n'y avait encore que 2°,6; à midi, avec un ciel brumeux toute la matinée, il est vrai, 4°,5; à 4 heures du soir, 4°,3. A minuit, grâce au vent du nord, au ciel tout couvert et à la brume , il y avait encore 3°,2.

Pour donner une idée de la température à Valparaiso, je citerai les nombres suivants :

Le jour de l'arrivée sur rade, 13 octobre, à midi, 14°,1 à la suite d'une matinée nébuleuse.

Le 22 octobre, ciel pur, air très-sec :

8 heures matin	midi	2 heures soir	4 heures
14°,6	23°,1	24°,1	21°,6

Ainsi que je l'ai indiqué précédemment, la température de l'air est allée d'une manière générale en croissant jusqu'à Panama. La température de midi le jour de l'arrivée, 14 novembre, fut 28°. Le maximum des températures méridiennes observées sur rade a été 32°,1 (27 novembre). Le 5 décembre, une température exceptionnellement basse, 24°,9 à 1 heure soir, fut provoquée par la pluie, qui dura de minuit à midi. Il pleuvait d'ailleurs presque toutes les après-midi.

Au retour, la température a baissé graduellement depuis Panama. Le 23 janvier, par 45° latitude Sud, la température méridienne fut 14°,3. Le lendemain matin, on entrait par le golfe de Pêgnas dans les canaux latéraux de la côte ouest de Patagonie. Dans les canaux et le détroit , la température méridienne fut tantôt au-dessous, tantôt au-dessus du nombre ci-dessus, sans jamais dépasser 19°, mais il est à remarquer que la plus basse, 9°,2, a été observée, comme à l'aller, en face Punta-Arenas

(27 janvier, midi). C'est à cette température peu élevée de l'été plutôt qu'à des hivers froids qu'est due la faible température moyenne annuelle : elle est de 7°,3 d'après des observations du gouverneur de Punta-Arenas. Voici, à titre de renseignement, quelques températures observées pendant le restant du voyage de retour :

<pre>
1 février. Embouchure de la Plata........... midi   21°,1
4   —   Entre île Lobos et la terre (Mal-
               donado)..................... 1 h. s. 29°.6
7   —   28°,44' latitude Sud.............. midi   27°,1
18   —   Rade de Rio.................... 3 h. s. 28°,4
22 mars.   42°,43' Nord, près de Marseille, avec
               ciel couvert................. midi   11°,2
</pre>

Ces observations du thermomètre à la mer m'ont fourni l'occasion de constater combien peu la température de l'air varie pendant la nuit lorsqu'on est au large. Ainsi, dans la traversée de Rio à Montevideo, le 13 septembre, 8 heures soir, la température étant 22°,9, le lendemain à 4 heures matin elle se trouvait 21°,1, alors qu'à midi elle s'abaissait à 19°,1. Il est vrai que le ciel avait été couvert toute la nuit et qu'il avait plu dans la matinée. Mais, en dehors même de ces conditions particulières, le refroidissement nocturne ne paraît guère dépasser 3° à 4° au-dessous de la température de midi, et très-souvent n'atteint pas ce chiffre.

PRESSION ATMOSPHÉRIQUE.

On a observé que le baromètre est généralement moins haut dans les hautes latitudes que près de l'équateur. Mes observations confirment cette loi. La hauteur maxima 770^{mm} s'est rencontrée une fois à Rio-de-Janeiro (8 septembre, midi), et une fois sur la côte du Pacifique, par 42°,30 latitude Sud, le 10 octobre; il s'y maintint au moins de midi à 8 heures du soir.

Le 3 octobre, à l'entrée E. du détroit, le baromètre marquait 766^{mm}. A partir de là, la moyenne diurne s'est constamment abaissée jusqu'au 7 octobre, midi, où il a marqué 756^{mm},3 dans le canal de la Trinité (canaux latéraux de la côte O. de Patagonie). De même, au retour, le minimum du baromètre a été observé dans ces parages. Le 27 janvier, à minuit, à la sortie E. du détroit, le baromètre marquait 752^{mm},2.

VENTS.

Sur les vents, je n'ai pas de remarque à faire, sinon que nous eûmes l'occasion, de Montevideo au détroit de Magellan, de vérifier la rotation du vent, qui, pour l'hémisphère Sud, est en sens inverse des aiguilles d'une montre et de la rotation dans l'hémisphère Nord. Les deux mouvements sont donc symétriques par rapport à l'équateur et régis au fond par la même loi. Le vent, qui était à l'Est le 27 septembre, à midi, devint une forte brise du Nord le 29, à minuit, et passa par l'Ouest et le Sud pour revenir à l'Est, la nuit du 2 au 3 octobre.

TEMPÉRATURES DE L'EAU.

L'eau superficielle de la mer s'échauffe et se refroidit plus lentement que l'air. Au milieu de la journée, sa température reste inférieure à celle de l'air, mais dans la soirée la différence change de sens. L'écart des deux températures augmente pendant la nuit et est très-prononcé au lever du soleil. Voilà la loi générale des nombres que j'ai recueillis, mais des causes particulières peuvent modifier ce régime.

Le maximum de température s'est produit pour l'eau de l'Atlantique le jour où le soleil a passé le plus près du zénith, 22 août, avec 27°,7 à midi, 27°,8 à 8 heures du soir. Ce maximum s'était produit la veille pour l'air. Du 21 au 25 août, la température, à 8 heures du matin, s'est maintenue supérieure à 27°.

Pendant les 29, 30, 31 août, la température de l'eau, contrairement à la loi générale, s'est maintenue supérieure, même aux observations de midi et de quatre heures, à celle de l'air, et la différence a atteint jusqu'à 1°,9. Ce fait paraît avoir pour cause le courant équatorial qui longe à une certaine distance la côte du

Brésil et que nous suivions à ce moment, faisant route vers Rio, devant lequel nous arrivâmes dans la soirée du 2 septembre.

La pluie et les brouillards peuvent également causer des dérogations à la loi qui régit les différences de température de l'eau et de l'air. Ainsi, dans la rade de Rio, l'eau se maintint (3-12 septembre) aux environs de 21°, ordinairement un peu plus froide que l'air à midi. Mais le 7 et le 8, l'air s'étant abaissé à midi à 15°,1 et 16°,6, par suite de brouillards qui voilèrent le soleil et de pluies, l'eau s'est trouvée plus chaude, avec 20°,9, température encore un peu inférieure à celle des autres jours.

Le jour de la sortie de la rade de Montevideo pour descendre vers le Sud, on coupe le courant du Rio de la Plata; toute la journée l'eau est plus chaude que l'air, de 3°,4, à 8 heures matin (13°,5), de 1° à midi (14°,7). Le lendemain, l'aréomètre indique qu'on est hors du mélange de l'eau du fleuve et le thermomètre recommence à accuser une différence en faveur de l'air au milieu du jour. Le 29 septembre, à midi, cette différence atteint la valeur exceptionnelle de 4°,8, grâce à un air plus chaud et à une eau plus froide que la moyenne des deux jours contigus.

SALURE DE LA MER.

Dans la Méditerranée (Marseille, Gibraltar), la salure de l'eau s'est élevée jusqu'à 5°,5 Baumé. Dans l'Atlantique, je ne l'ai pas vue dépasser 5°. Dans la rade de Rio, elle est descendue à 4°. Sur la rade de Montevideo, la salure de l'eau est très-variable par le mélange inégal des eaux de l'Océan avec celles du Rio de la Plata : je l'ai trouvée certains jours de 0°,8, d'autres fois de 2°,5. L'influence de l'eau douce s'étend au-delà du banc Anglais, bien au large à l'est de Montevideo.

La salure de l'eau s'élève graduellement, à mesure qu'on s'éloigne de l'embouchure de la Plata, jusqu'à 4°,1, où elle se maintient jusqu'à l'entrée dans le détroit de Magellan.

Dans le détroit de Magellan et les canaux latéraux de la côte ouest de Patagonie, la salure de l'eau est considérablement abaissée par les pluies et la fonte des neiges. Il y a lieu de distinguer entre le voyage d'aller (premiere quinzaine d'octobre) et celui de retour. A l'aller, le plus fort degré aréométrique a été 3°,6, observé dans le Long-reach; mais dans le Icy-reach (can. lat.), tout parsemé de blocs de glace flottants, il s'est abaissé à 2°,5. A partir de ce point, la densité s'éleva graduellement jusqu'au golfe de Pêgnas.

Au retour, la salure a été toujours plus faible que dans le premier voyage; elle est même descendue, dans les canaux, par le travers des îles Midge et Millan, jusqu'à 0°,6. Il faut sans doute attribuer cette différence aux fontes de neige, qui sont plus abondantes et durent depuis longtemps à cette époque de l'année: le moindre pli de terrain est parcouru par un ruisseau.

Du golfe de Pêgnas jusqu'à Valparaiso et Coquimbo, l'aréomètre s'est peu écarté de 3°,6 (3,4-3,8).

De Copiapo jusque peu au sud de l'embouchure de la rivière de Guayaquil, la salure de la mer est plus forte; cela se conçoit bien, toute cette côte étant dépourvue de pluies et aucun cours d'eau ne venant se jeter à la mer [1]. L'aréomètre atteint ordinairement 4°.

De ce point jusqu'à Panama, l'aréomètre a marqué des degrés graduellement inférieurs jusqu'à 2°,3 au milieu de la rade de Panama. Cette région est arrosée par des pluies très-abondantes; dès-lors nous ne devons pas nous étonner d'y trouver la mer moins salée. Cela nous fournit l'occasion de remarquer que l'eau des régions les plus chaudes n'est pas nécessairement la plus concentrée par l'évaporation. Des auteurs pensent que l'augmentation de densité qui provient de cette concentration est suffisante pour annuler l'effet de la dilatation, au point de vue de l'équilibre des eaux de la mer. Ils se croient dès-lors obligés de chercher aux courants marins d'autres causes que cette poussée des eaux froides vers les eaux chaudes. Les remarques précédentes sont de nature à amoindrir sinon à annuler cette objection.

---

[1] A Lima, d'après les observations de M. Raimondi, la chute d'eau annuelle est d'environ 3 centim.

II.

SUR LES COLORATIONS ACCIDENTELLES DE L'EAU DE LA MER.

Outre les passages de la couleur de l'Océan du bleu au vert, nous avons été quelquefois témoins, dans notre voyage, de colorations accidentelles dues manifestement à des matières étrangères. Dans le Pacifique, à plusieurs reprises [1], nous avons vu la mer parcourue par de larges bandes rouges. Il semblait que des flots de sang étaient venus se mêler à l'eau salée. Un examen microscopique superficiel aurait pu un moment entretenir cette illusion, car la matière colorante, qui était tellement disséminée qu'un sceau d'eau puisé le long du bord paraissait presque incolore, et qui ne produisait un puissant effet de coloration que par la grande épaisseur de la couche d'eau qu'elle imprégnait, se montrait, avec un miscroscope d'un grossissement médiocre, formée de globules ayant quelque ressemblance avec des globules sanguins. Mais ils étaient un peu moins réguliers que des globules sanguins, et dans l'eau, même salée, des globules sanguins ne se seraient pas aussi bien conservés. Nous avions affaire là à des algues unicellulaires analogues aux *Protococcus salinus* que Dunal décrivait en 1838 comme produisant la coloration rouge des marais salants [2]. Cette eau, abandonnée à elle-même, laissait amasser au bout de quelques heures la matière rouge dans le fond des vases. J'ai chauffé vers 100° cette matière dans l'eau où elle s'était concentrée, et elle a passé immédiatement au vert. La même altération se produisit au bout de deux ou trois jours dans les vases où j'abandonnais à elle-même cette eau chargée de vie. Ce n'était plus au microscope qu'une masse granuleuse verte.

Dans l'histoire du voyage de *la Coquille*, commandée par Du-

---

[1] 8 novembre, 10° lat. S. le long de côte du Pérou; 27 décembre 5° lat. S.; 6 janvier, 14°,27 S., 79°,4 long. O.

[2] *Ann. sc. nat.*, 2ᵉ série, tom. IX.

perrey, la coloration des eaux sur la côte du Pérou est signalée comme un phénomène assez fréquent, et regardée comme produite par « des animalcules ». Sur la côte de Guinée, un autre navigateur raconte que la mer parut couverte de sang pendant plusieurs jours, aussi loin que la vue pouvait s'étendre. Cette coloration en rouge ne paraît pas spéciale aux mers tropicales. On cite une observation analogue du capitaine Ross, dans la mer du Baffin. Darwin, dans son *Voyage d'un naturaliste*, parle d'une coloration rouge de la mer le long de la côte du Chili, et cette coloration était due à des infusoires pourvus d'une couronne de cils vibratiles. Ces infusoires se mouvaient rapidement, puis éclataient en laissant épancher une matière granuleuse lorsqu'ils étaient isolés dans la goutte d'eau du microscope. Je n'ai pu noter ni cils vibratiles, ni mouvements chez les êtres que j'ai observés, ni explosion. Cette coloration de la mer, comme beaucoup d'autres, était atribuée par les marins au frai de poisson. Dans les instructions nautiques sur la côte du Pérou, il est parlé d'une coloration rouge qui serait due à des cendres volcaniques en suspension dans l'eau. Les tremblements de terre, fréquents dans le pays, ont donné à cette opinion une créance qu'elle ne méritait pas, puis- qu'il s'agit en réalité d'une matière organique.

Dans l'Atlantique, le 20 février, nous avons eu un autre spectacle de coloration. L'eau paraissait blanchâtre et les marins étaient portés à croire à l'existence de bancs sous-marins relativement peu éloignés dela surface. Nous commençâmes à rencontrer ces traînées vers midi ; nous étions alors par 20°, 47′ Sud et 41°,31′ Ouest. Ici la cause de la coloration était plus nettement perceptible. A la oupe, on voyait flotter de petits corps que Darwin a assez juste- ment comparés à des brins de paille déchiquetés. Ils étaient très- faiblement colorés, à peine jaunâtres. Au microscope, ils se montraient formés de filaments assez courts, serrés les uns contre les autres comme des cigares dans un paquet, mais ne formant qu'une couche. Quelques-uns étaient jetés obliquement par-dessus les autres et légèrement tordus comme une portion d'une hélice très-lâche. Les filaments étaient cloisonnés en cellules à peu près carrées. Le filament paraissait très-légèrement toruleux par l'existence de faibles rétrécissements au niveau des cloisons. Chacune de ces petites cellules contenait un noyau bien net.

C'est une algue très-voisine de celle qu'Ehremberg décrivait en 1823 sous le nom de *Trichodesmium erythræum*, et à laquelle est due la coloration intermittente de la mer Rouge. Les filaments que j'ai observés paraissent moins longs que ceux provenant de la mer Rouge figurés par Montagne. En outre, ils sont à peu près incolores. A propos de cette algue, Montagne[1] dit que lorsqu'on en recueille une certaine quantité sur un linge, par filtration de l'eau où elle est suspendue, elle devient verte en séchant. Il y a là une analogie avec l'algue unicellulaire dont j'ai parlé d'abord comme colorant l'eau sur la côte du Pérou.

C'est à peu près dans la même saison et dans les mêmes parages que nous, (vers le 20 mars, à peu de distance des îles Abrolhos) que Darwin rencontra ces algues fasciculées; mais dans son cas elles produisaient une teinte brun rougeâtre. C'était peut-être une espèce différente, ou bien la même dans une autre période de végétation.

Encore au voisinage des Abrolhos et encore en février (1836), Hinds, sur *le Sulfur*, observa probablement la même algue. Il la revit sur la même côte par 9° lat. Sud. Il l'aurait même retrouvée dans le Pacifique, près San-Salvador, en avril, par 14° lat. Nord.

---

[1] *Ann. sc. nat., Bot.*, 3e série, tom. II.

ERRATUM : pag. 5, au lieu de : 9°,2, lisez : 0°,2.

9 782329 395661